물리학이 이렇게 쉬울 리 없어

물리학이 이렇게 쉬울 리 없어

최원석 지음

생각학교

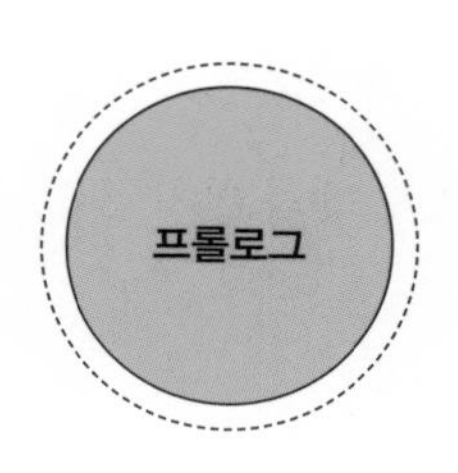

안녕하세요. 중학교에서 과학을 가르치는 최원석입니다. 저는 30여 년 전에 영화를 수업에 도입해 새로운 변화를 시도했고, 이후 게임이나 동화, 광고, 케이 팝K-pop 등 다양한 문화 현상 속에서 과학을 찾아 책을 쓰고 있는 저자이기도 합니다. 2020년에는 YTN 사이언스 〈리얼수선예능 고쳐듀오〉 시즌 1에 진행자로 출연하기도 했어요.

저는 과학을 대중에게 흥미롭게 전달할 수 있는 자리라면 방송국에서 도서관에 이르기까지 어디든 가리지 않고 달려갔습니다. 요즘에는 직접 만나지 못하고 비대면으로 모든 것을 진행해야 해서 조금 안타까워요. 그래도 여러분과 이 책을 통해 만날 수 있어서 다행입니다.

저는 '자신이 재미있어야 남도 재미있다'고 생각해요. 그래서 수업도, 책의 원고를 쓰는 일도 제가 재미있게 여겼던 것에서 출발하죠. "이 영화는 무척 재미있는데, 사실 그 속에는 이런 과학 원리가 숨어 있답니다"라고 설명하는 거예요. 짧지 않은 시간 동안 30권이 넘는 책을 집필할 수 있었던 것도 제가 먼저 즐길 수 있었기 때문입니다.

이 책에는 여러분이 좋아할 만한 소재를 넣는 데 많은 신경을 썼어요. 흔히 물리학을 어렵게 느끼곤 하는데, 흥미로운 소재에서 출발하면 물리학도 즐거운 지식이 될 수 있지요. 물론 여러분에게 꼭 필요한 중학교 물리학 개념도 알차게 담았고, 그러다 보니 어쩔 수 없이 어렵거나 딱딱하게 느껴지는 부분도 있을 거예요. 그래도 최대한 흥미롭게, 여러분의 눈높이에서 서술하려고 노력했으니 그리 어렵지만은 않을 거라고 확신합니다.

물리학은 로봇공학자나 자동차공학자가 되기 위해 필수적으로 익혀야 하는 학문일 뿐만 아니라, 일상에서 일어나는 여러 과학적 현상을 이해하는 데 꼭 필요한 지식이기도 해요. 영화를 보듯 게임을 하듯 즐겁게 이 책을 읽다 보면 어느 순간 물리학을 흥미롭게 여기는 여러분이 될 거예요. 또한 세상을 더욱 현명한 관점으로 바라보면서 미래를 꿈꿀 수 있을 겁니다. 여러분의 소중한 삶과 꿈을 위해 이 책이 조그만 도움이라도 되길 바랍니다.

2022년 1월

최원석

차례

전기와 자기는 서로 어떤 관련이 있을까

열은 우리 생활에 어떤 영향을 미칠까

빛은 무엇을 보여주고, 파동은 어떻게 전파될까

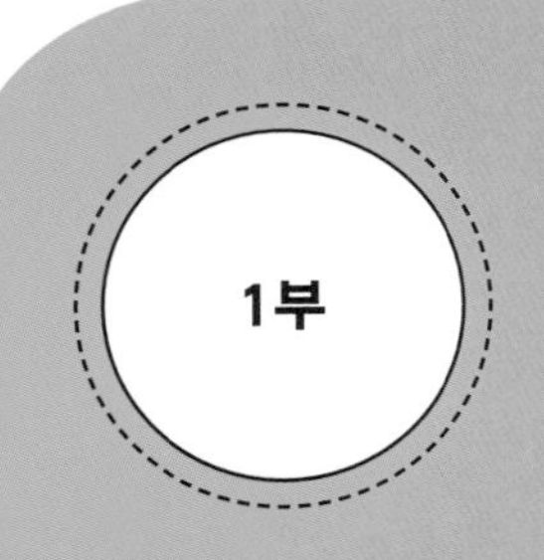
1부

물리학이란 무엇일까

약 1만 년 전, 인류는 한곳에 정착하면서 농경 생활을 시작했어요. 그러자 사회가 만들어지고 문명이 발달했지요. 당연히 학문의 발전도 이뤄졌는데, 메소포타미아와 이집트 지역에서는 수를 세고 측량을 하면서 '수학'이 생겨나고, 해와 달과 별이 뜨고 지는 현상을 관찰하면서

'천문학'이 시작됐어요. 우주공학이나 생명공학 등 오늘날의 최첨단 과학은 이렇게 간단한 것에서부터 시작됐죠. 그럼 물리학을 본격적으로 공부하기 전에, 과학과 물리학에 대해 잠깐 살펴볼게요.

과학은 어떻게 시작됐을까?

문명이 발달하면서 수학적·천문학적 지식이 쌓여왔지만, 일반적으로 과학은 기원전 600년경 고대 그리스에서 시작됐다고 봅니다. 당시 고대 그리스의 철학자들은 '신에 의해 세상의 모든 것이 창조되고 움직인다'는 생각을 믿지 않았어요. 그리고 세상은 무엇으로 이뤄졌는지, 자연 현상은 어떤 원리로 일어나는지를 탐구했죠. 자연을 인간의 이성으로 탐구하기 시작한 거예요. 그래서 이들을 **자연 철학자**라고 불러요. 대표적인 인물이 탈레스예요.

탈레스는 자연을 구성하는 근본 물질이 '물'이라고 여겼어요. 세상이 모두 물로 되어 있는 건 아니지만, 세상의 구성 물질을 탐구하려 했다는 측면에서 보면 탈레스는 최초의 자연 철학자, 그러니까 최초의 과학자로 불릴 만한 자격을 갖추고 있지요. 탈레스는 다양한 자연 현상을 탐구했고, 그의 제자인 아낙시만드로스 기원전 610~기원전 546?를 비롯한 다른 학자들도 자연 현상에 대한 다양한 주장을 펼쳤어요. 그 중 단연 돋보이는 인물은 아리스토텔레스 기원전 384~기원전 322예요. 여러분도 그의 이름을 들어본 적이 있나요? 흔히 아리스토텔레스를 철학자로만 알고 있는데, 그의 지식은 백과사전처럼 방대해서 거의 모든 분야에 업적을 남겼어요.

그런데 아리스토텔레스는 천체의 모양과 궤도는 원이며 지구가 우주의 중심이라는 **천동설**을 주장했어요. 물론 여러분은 천동설이 과학적 사실이 아니라는 것을 잘 알고 있죠. 그러나 중세 시대에는

교회가 아리스토텔레스의 주장을 받아들이면서, 함부로 그의 주장에 이의를 달지 못했어요. 하지만 폴란드의 천문학자인 니콜라우스 코페르니쿠스1473~1543는 달랐습니다. 그는 천동설보다는 **지동설**, 즉 지구가 태양의 둘레를 돈다는 학설이 더 합리적이고 수학적으로 단순하다는 사실을 알아냈어요. 코페르니쿠스의 주장은 이탈리아의 물리학자인 갈릴레오 갈릴레이1564~1642와 독일의 천문학자인 요하네스 케플러1571~1630를 거쳐 더욱 많은 증거와 지지자를 확보했지만, 당시 교회에서는 받아들이지 않았지요. 그러나 그들은 새로운 과학의 시대를 열었고, 결국 영국의 물리학자인 아이작 뉴턴1642~1727이 **만유인력의 법칙**을 발표하면서 사람들은 우주의 모습을 조금씩 알게 됐답니다.

우리는 왜 과학을 배워야 할까?

과학 기술은 인류 사회의 모습을 끊임없이 변화시키고 있어요. 인류가 불을 발견하고 도구를 만들어 사용하면서부터 과학 기술과 인류는 떼려야 뗄 수 없는 관계가 됐죠.

18세기에 영국의 공학 기술자인 제임스 와트1736~1819가 증기 기관을 개량한 덕분에 인류는 동물이나 자연의 힘에 의존하던 방식에서 벗어날 수 있었어요. 증기 기관은 생산과 수송에 혁신적인 변화를 일으켰고, 이를 **산업 혁명**이라고 불러요. 또한 19세기에 영국의 물리학자인 마이클 패러데이1791~1867는 발전기를 만들어 현대 전기 문명이 출현할 수 있게 했어요. 이처럼 새로운 과학 기술의 등장으로 인류의 문명은 그 이전과는 완전히 다른 새로운 모습으로 바뀌게 됩니다.

과학의 역할은 우리의 생활을 편리하게 만들어주는 것뿐만이 아니에요. 인쇄술과 정보 통신 기술이 발달하면서 일반 국민들이 사회 문제와 정치에 적극적으로 참여하는 민주 사회로 변화될 수 있었죠. 이처럼 과학은 단순히 자신의 영역에 머물지 않고 기술이나 공학, 심지어 예술 분야와 통합되어 새로운 변화를 이끌고 있어요. 첨단 과학의 시대로 불리는 오늘날에는 과학과 분리된 생활은 생각할 수조차 없지요. 에너지, 환경, 교통, 건강 등 개인이나 사회가 처한 문제를 해결할 때 과학의 영향력이 점점 커지고 있으니까요.

그러니 급격하게 변화하는 인류 문명을 대비하고, 개인과 사회의 문제를 합리적으로 해결하기 위해서는 과학에 대한 지식과 과학적 자세가 필요해요.

우리가 과학을 배우는 이유는 과학 개념을 이해하고 과학 지식을

습득해 변화하는 미래 사회에 적응하기 위해서이며, 과학적 탐구 능력과 태도를 갖춰 삶의 다양한 문제를 합리적이고 창의적으로 해결하기 위해서랍니다.

과학에서 말하는 '물리학'이란?

자, 이제 우리가 이 책을 통해 배우고자 하는 물리학의 세계로 들어가 볼까요? 과학은 크게 물리학, 화학, 생명과학생물학, 지구과학, 이렇게 네 분야로 나눌 수 있어요. 이 과목들을 간단하게 소개하면, 물리학은 힘과 에너지를, 화학은 물질을, 생명과학은 생명 현상을, 지구과학은 지구와 우주를 연구하는 분야예요.

물리학은 과학 분야 중에서도 가장 기초적인 과학이라고 말해요. 물리학은 힘과 에너지를 이용해 물체의 운동을 설명하죠. 갈릴레이를 '물리학의 아버지'라고 부르는 이유도 물체의 운동을 분석하려고 했기 때문이에요. 아리스토텔레스도 물체의 운동에 대해 이야기하긴 했지만, 실험이나 수학을 통해 설명하진 않았어요. 반면, 갈릴레이는 빗면에서 물체가 굴러 내려오는 실험 등을 통해 물체의 운동을 수학적으로 설명하려고 했지요. 갈릴레이의 이런 과학적 탐구 방법은 근대 과학의 출발점이 됐습니다. 이후 뉴턴이 등장해 운동 법칙을 발표하면서 물체의 운동을 '공식'이라는 수학적 방법으로 표현했고, 물리학이라는 분야가 생겨났어요. 뉴턴은 물리학 중에서도 물체의 운동에 관한 역학과 빛에 관한 광학을 탄생시켰죠.

실험을 중요하게 여겼던 사람은 또 있었어요. 영국의 물리학자인 윌리엄 길버트1544~1603예요. 그는 엘리자베스 1세 여왕의 주치의이기도 했는데, 사실 갈릴레이보다 여러분에게는 덜 알려졌을 뿐, '자기학의 아버지'로 불릴 만큼 자석 연구에서 유명해요. 길버트는 자석의 성질을 알아내기 위한 실험을 했는데, 이는 시기상 갈릴레이보다 조금 앞섰어요. 한편 이탈리아의 물리학자인 알레산드로 볼타1745~1827는 화학 전지를 만들어 전기 실험을 할 수 있도록 했고, 패러데이가 발전기를 만들면서 전기에 대한 연구가 활발하게 이뤄졌어요. 오늘날에는 자기학과 전기학을 합쳐서 전자기학이라는 분야에서 같이 연구하고 있답니다.

그리고 증기 기관에 의해 산업 혁명이 일어나면서 열에 대한 연구가 활발해졌고, 이때 등장한 것이 열역학이에요. 물을 끓여서 생긴 증기의 힘으로 기계를 작동하는 증기 기관의 효율을 높이기 위해 시작한 연구가 열역학으로 발전한 거예요.

원자의 구조를 밝혀내려고 연구하는 과정에서는 핵물리학과 양자역학이 등장했어요. 또한 독일 태생의 미국 이론물리학자인 알베르트 아인슈타인1879~1955은 질량과 에너지 사이의 관계, 시간과 공간에 대한 기존의 개념을 송두리째 바꾼 **상대성 이론**을 탄생시켰죠. 상대성 이론과 양자역학은 현대 물리학이라고 부르기도 해요. 뉴턴이 탄생시킨 고전 역학과 영국의 물리학자인 제임스 맥스웰1831~1879의 고전 전자기학을 고전 물리학이라고 부르는 것과 구분하기 위해서예요.

그런데 중학교와 고등학교에서는 대부분 고전 물리학만 배우고, 현대 물리학에 속하는 내용은 고등학교에서도 조금밖에 배우지 않아요. 현대 물리학의 내용이 어려워서 그런 것도 있지만, 고전 물리학은 물리 현상의 기초를 설명해주기 때문이죠. 고전이라고 부르지만, '옛날의 낡고 쓸모없는' 물리학이라는 뜻이 결코 아니라는 겁니다. 지금도 우리는 우주선을 쏘아 올리는 데 뉴턴의 역학을 이용해요. 그리고 우리 주변에서 흔히 보는 전자 기기의 작동 원리는 맥스웰의 전자기학으로 설명할 수 있어요.

물론 첨단 과학으로 들어가면 상대성 이론과 양자역학으로밖에 설명할 수 없는 것들이 있어요. 그래서 첨단 과학을 연구하는 사람들은 고전 물리학뿐만 아니라 현대 물리학도 공부하죠.

여러분, 무거운 배가 어떻게 물 위에 둥둥 뜰 수 있는지 궁금하지 않나요? 발전소에서는 어떻게 전기를 만들까요? 혹시 자율 주행 자동차와 인공 지능 로봇 등을 만드는 공학자가 되고 싶나요? 이 모든 질문의 해답에는 물리학이 숨어 있답니다. 물리학은 우리 주변에서 일어나는 수많은 현상을 설명해주고, 미래 과학으로 가는 길을 열어 주지요.

그렇다면 중학교에서는 어떤 물리학적 지식들을 공부하게 될까요? 크게 네 주제로 나누면 '힘과 운동', '전기와 자기', '열과 에너지', '빛과 파동'입니다. 물론 교육 과정이 바뀔 때마다 학년별 교과서에 실리는 내용이 조금씩 다르긴 하지만, 네 주제의 핵심 개념들은 변하지 않고 담기죠. 이 책에서는 중학 물리학의 주요 개념을 모두 설명하고 있으므로, 여러분이 학교에서 어떤 내용을 배우든 이해하는 데 도움이 될 거예요. 지금부터 이 책에 어떤 이야기가 들어 있는지 간략하게 설명할게요.

먼저 2부에서의 주요 개념은 '힘', '운동', '역학적 에너지'예요. 여기서는 중력, 탄성력, 마찰력, 부력 등 물체에 작용하는 여러 가지 힘의 특징을 배울 거예요. 그리고 물체의 다양한 운동 중에서 등속 운동과 자유 낙하 운동에 대해 이야기할게요. 또한 역학적 에너지가 무엇인지, 공기 저항이나 마찰이 없을 때 역학적 에너지가 보존된다는 말은 무슨 의미인지 등도 알아볼 겁니다.

3부에서는 전기와 자기 현상을 배워요. 이를 통해 전기를 띤 물체 사이에 작용하는 힘인 전기력, 정전기 유도, 전기 회로의 특징, 발전기의 원리 등을 이해할 수 있을 겁니다. 또한 초등학교에서 배운 자석의 성질을 바탕으로 자기장과 전자석, 전동기의 원리도 알게 될 거예요.

4부에서는 온도와 열을 배워요. 온도를 바꾸는 열, 열평형, 열의 이동 방법, 비열과 열팽창 등을 알아가면서 열이 우리 생활에 어떤 영향을 미치는지 이해하게 될 겁니다.

5부에서는 빛과 파동을 배워요. 빛의 삼원색과 빛의 합성, 그리고 각각 빛의 반사와 굴절을 이용한 거울과 렌즈 등을 이야기하죠. 이와 더불어 파동의 종류와 성질에 대해서도 알게 된답니다.

그럼 지금부터 중학 물리학의 첫걸음을 힘차게 내디뎌 볼까요?

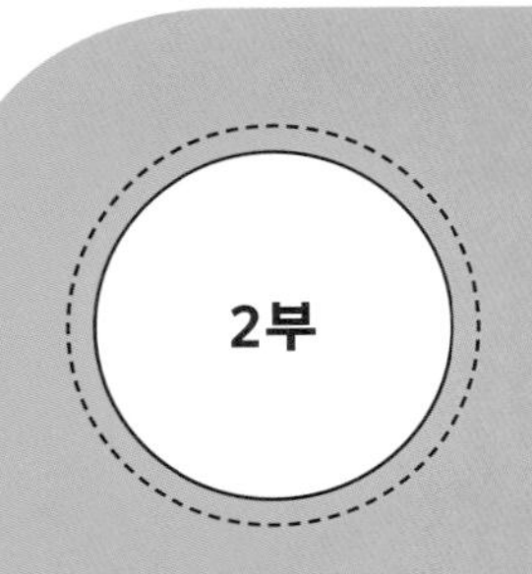
2부

롤러코스터를 움직이게 하는 힘과 에너지는 무엇일까

야구 중계를 시청하다 보면 해설가가 "저 선수, 어깨에 힘이 너무 많이 들어갔네요"라고 말하곤 하죠? "공부하느라 힘들지?"라고 묻기도 하고요. "이해하기 힘들다", "힘든 직업이다" 같은 말도 있어요. 이처럼 '힘'이라는 단어가 사용된 예는 일상에서 어렵지 않게 찾을 수 있지요. 그런데 이 모든 '힘'이 과학에서 말하는 '힘'과 관련이 있을까요? 과학에서는 '힘'을 어떻게 정의하며, 대표적인 힘에는 어떤 것들이 있을까요?

과학에서 말하는 '힘'이란?

물리학은 '힘을 다루는 학문'이라고 말할 만큼, 물리학에서 힘은 아주 중요한 개념이에요. 그래서 물리학을 공부할 때는 힘과 친해져야 해요. 그런데 우리가 흔히 사용하는 '힘'이라는 단어가 모두 과학에서 말하는 '힘'을 의미하는 것은 아니에요. 과학에서의 힘은 '물체를 당기는 데 힘을 쓰다', '힘을 주어 물체를 들어 올리다' 같은 경우의 힘을 뜻한답니다. 활을 쏘기 위해 활시위를 잡아당기거나, 역기를 들어 올리기 위해 힘을 쓰는 경우가 그 예지요.

그렇다면 물체에 '과학에서의 힘'이 작용했다는 것을 어떻게 알 수 있을까요? 과학에서의 힘이 작용하면 물체의 모양이나 운동 상태가 변해요. 즉, 과학에서의 힘은 '물체의 모양이나 운동 상태를 변화시키는 원인'이에요. 여기서 말하는 운동 상태란 '물체의 빠르기와 운

동 방향'을 의미하며, 힘에 의해 물체의 빠르기와 운동 방향 중 하나만 변하기도 해요.

먼저 힘에 의해 물체의 모양이 변하는 예를 들어볼게요. 혹시 피자나 자장면을 만들 때 밀가루를 반죽하는 모습을 본 적이 있나요? 밀가루 반죽에 힘을 가하면 늘어나거나 뭉쳐지면서 모양이 변하죠.

힘에 의해 물체의 운동 상태가 변하는 예도 들어볼까요? 놀이공원에 가면 신나는 놀이 기구가 많은데, 그중 롤러코스터를 타면 높은 곳으로 올라갔다가 내려오기를 반복해요. 이때 롤러코스터가 처음 높은 곳으로 올라가는 데는 기계 장치에 의한 힘이 작용하고, 롤러코스터가 최고 높이를 지나면 지구가 당기는 힘이 힘을 중력이라고 하는데, 잠시 후에 배울 거예요.에 의해 아래로 빠르게 내려오게 됩니다.

이번에는 축구 선수가 날아오는 공에 헤딩하는 순간을 떠올려보세요. 골키퍼 앞에서 헤딩을 하면 공의 운동 방향과 빠르기가 바뀌므로 골키퍼는 공을 막기 어려워요. 이때 축구공과 선수의 머리가 충돌하는 순간 공은 살짝 찌그러지죠. 선수가 축구공에 힘을 작용하자 선수의 머리와 충돌한 공의 모양과 운동 상태가 모두 변한 거예요.

그렇다면 물체에 작용하는 힘은 어떻게 나타낼까요? 힘의 크기·힘의 방향·힘의 작용점을 **힘의 3요소**라고 하는데, 힘은 이 세 가지 요소가 들어 있는 화살표로 나타내요. 화살표의 시작점은 힘을 작용한 지점인 힘의 작용점을, 화살표의 길이는 힘의 크기를, 화살표의 방향은 힘의 방향을 나타내지요.

이렇게 힘을 나타낼 때는 힘의 크기를 표시하는데, 그러려면 힘의 크기를 나타내는 단위가 필요하겠죠? 힘의 단위로는 N뉴턴을 사용하며, 1N은 질량이 100g 정도인 물체의 무게와 비슷해요.질량에 대해서는 곧 알게 될 테니, 조금만 기다려주세요. 1N의 힘이 어느 정도인지 궁금하다면, 대략 80~100ml짜리 요구르트 한 통의 무게라고 생각하면 됩니다. 이 질량이 약 100g이거든요.

▲ **힘의 표시**

우리 생활에서는 여러 종류의 힘이 작용해요. 그중에는 물체와 접촉해서 작용하는 마찰력과 탄성력도 있고, 물체와 접촉하지 않은 상태에서 작용하는 중력과 전기력, 자기력도 있지요. 지금부터 다양한 힘에 대해 하나하나 알아볼게요.

지구가 자꾸 당겨: 중력

극한의 스릴감을 즐기는 사람들은 익스트림 스포츠를 좋아해요. 윙슈트를 입고 비행기에서 뛰어내려 새처럼 날거나, 스노보드를 타고 가파른 비탈을 미끄러지듯 내려오는 사람들을 보면 놀랍지 않나요? 이처럼 익스트림 스포츠에는 높은 곳에서 떨어질 때 느끼는 공포감을 이용한 종목들이 있어요. 또한 영화에는 암벽이나 높은 건물을 맨손으로 오르는 사람들도 등장해요. 그런 장면은 보기만 해도 짜릿한데, 자칫하면 떨어지기 때문이에요.

지구상에 있는 모든 물체는 아래로 떨어져요. 빗방울도, 단풍잎도 아래로 떨어지지요. 손에 잡고 있던 공을 놓으면 아래로 떨어지고, 공을 위로 던지더라도 공은 올라갔다가 다시 아래로 떨어지잖아요. 번지 점프대나 다이빙대에서 뛰어내린 사람도 아래로 떨어지죠. 왜 높은 곳에 있는 물체는 모두 아래로 떨어질까요? 이는 지구가 물체를 당기기 때문이에요. 이 힘을 **중력**이라고 합니다. 지구의 중력은 항상 지구 중심 방향으로 작용해요.

"우리 강아지, 요즘 몸무게가 많이 늘어서 무거워졌어", "이 노트북은 가볍네" 등은 물체의 무거운 정도인 무게를 표현하는 말이에요. 그런데 어떤 물체가 무겁다고 느껴지는 이유는 지구가 그 물체를 세게 당기기 때문이에요. 즉, **무게**란 물체에 작용하는 중력의 크기예요. 우리의 몸무게는 우리 몸에 작용하는 중력의 크기를 말하는 거죠.

잠깐! 초등개념

물체의 무게를 측정하는 방법

용수철 아래쪽 고리에 추를 걸면 용수철의 길이가 늘어나요. 이는 지구가 추를 당기는 힘 때문이에요. 이렇게 지구가 물체를 당기는 힘의 크기가 바로 물체의 무게예요. 무게의 단위로는 N 외에도, g중그램중이나 kg중킬로그램중을 사용하기도 해요.

우리는 물체의 무게를 정확하게 측정하기 위해 저울을 사용해요. 그중 용수철저울은 용수철의 성질을 이용한 거예요. 용수철에 걸린 물체의 무게가 일정하게 증가할수록 용수철의 길이도 일정하게 늘어나고, 그 물체를 제거하면 용수철은 다시 원래 길이로 되돌아가죠. 눈금이 표시된 가정용 저울이나 체중계도 용수철의 성질을 이용한 저울이에요.

한편 양팔저울을 사용하면 물체의 무게를 비교할 수 있어요. 물체 A, B가 있다고 해볼게요. 먼저 저울대의 수평을 맞춘 후 한쪽 저울접시에 물체 A를 올려놔요. 그러면 저울대가 물체 A 쪽으로 기울어지겠죠? 이제 저울대가 수평을 잡을 때까지 다른 한쪽 저울접시에 클립무게가 일정한 물체을 올린 후, 그 개수를 셉니다. 물체 B로 같은 과정을 반복했더니 수평을 이룰 때의 클립 수가 A＞B라면, 물체의 무게도 A＞B란 것을 알 수 있지요.

양팔저울로 물체의 무게를 비교하는 다른 방법도 있어요. 양팔저울의 받침점으로부터 양쪽으로 같은 거리에 저울접시를 건 후, 각 저울접시에 서로 다른 물체를 올려놓는 거예요. 이때 저울대가 아래로 기울어진 쪽의 물체가 더 무거워요.

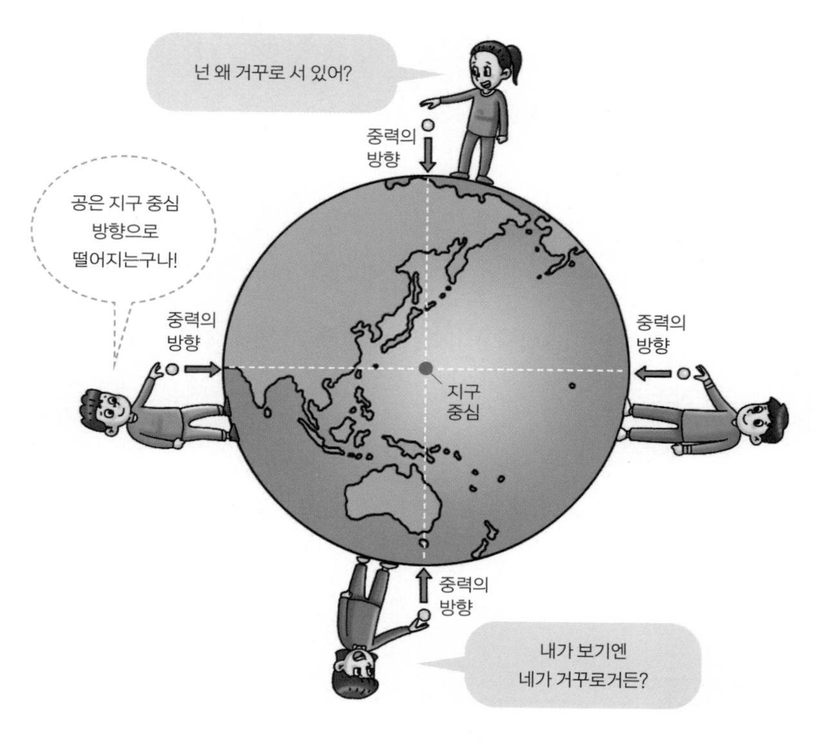

▲ 지구 중력의 방향

중력은 힘의 일종이고 힘의 단위는 N이므로, 물체에 작용하는 중력의 크기인 무게의 단위 역시 N을 사용할 수 있어요. 흔히 "내 몸무게는 50kg이야"라고 말하는데, 이를 N 단위로 바꾸면 "내 몸무게는 490N이야"라고 말할 수 있지요. 그렇다면 우리가 일상적으로 이야기하는 50kg은 무엇을 의미할까요? 바로 물체가 가진 고유한 양,

즉 **질량**이에요.* 지구에서는 질량이 1kg인 물체에 작용하는 중력이 약 9.8N이므로, 질량이 50kg인 사람의 경우 몸무게가 490N$50\times 9.8=490(N)$이 되는 겁니다.

여러분, 질량은 물체가 가진 고유한 양이라고 했지요? 그래서 장소가 바뀌어도 물체의 질량은 변하지 않아요. 반면, 중력의 크기는 측정하는 장소에 따라 다르기에, 물체의 무게 역시 측정하는 장소에 따라 다르죠. 예를 들어, 달의 중력은 지구 중력의 $\frac{1}{6}$이므로, 같은 물체의 무게를 달에서 측정하면 지구에서의 $\frac{1}{6}$이에요. 그러니까 지구에서는 질량을 무게로 바꿔 N 단위로 나타낼 때 질량에 9.8을 곱하면 되지만, 달에서는 지구보다 중력이 $\frac{1}{6}$로 줄어들기 때문에

함께 생각해요!

* **몸무게의 단위가 kg인 이유:** 우리는 무게의 단위로 kg을 익숙하게 사용하고 있어요. 그러나 kg은 무게가 아니라 질량의 단위예요. 무게를 나타내는 단위 중에는 'kg중'이 있는데, 1kg중은 질량이 1kg인 물체에 작용하는 중력의 크기예요. 그러니까 1kg중은 질량이 1kg인 물체의 무게입니다. 과학적으로는 "몸무게가 50kg이야"라고 말하는 게 아니라 "몸무게가 50kg중이야"라고 말해야 하는 거예요. 하지만 지구에서는 어디서나 중력의 크기가 비슷하므로, 질량의 단위인 kg으로 무게를 표시해도 별문제가 없습니다.

(질량×9.8)에 다시 $\frac{1}{6}$을 곱해야 해요. 따라서 질량이 60kg인 사람은 지구에서는 몸무게가 588N이지만, 달에 가면 98N이 되죠. 달에 가면 몸이 훨씬 가벼워지는군요.

그럼 여기서 질문을 하나 해볼게요. 혹시 영화를 보다가 우주선 안에서 둥둥 떠다니는 우주인의 모습을 본 적이 있나요? 이때 우주인은 질량이 0일까요, 아니면 몸무게가 0일까요? 맞아요. 몸무게가 0입니다. 질량은 어디서도 변하지 않는 고유한 양이고, 중력의 크기인 무게는 측정 장소에 따라 달라지니까요. 그래서 중력이 작용하지 않는 우주에서는 질량은 변하지 않지만 몸무게는 0이 되는 거예요.

일반적으로 질량은 윗접시저울이나 양팔저울로 측정하고, 무게는 용수철저울이나 가정용 저울로 측정해요. 윗접시저울로 물체의 질량을 측정할 때는 측정하고자 하는 물체를 한쪽 접시에 올려놓고, 다른 쪽 접시에는 분동을 올려요. 분동을 계속 올리다가 저울이 수평이 됐을 때 분동의 질량을 모두 더하면 물체의 질량을 알 수 있죠. 참고로 초등학교 때는 아직 질량의 개념을 배우기 전이라 양팔저울로 물체의 무게를 비교한다고 배웠는데, 질량이 일정하게 증가하면 무게도 일정하게 증가하므로 이렇게 설명한 거예요.

원래대로 돌아가야 해: 탄성력

여러분, 고무줄을 잡아당겼다가 놓으면 어떻게 되나요? 그래요. 고무줄이 원래 모양으로 되돌아가요. 화살을 쏘기 위해 활시위를 당겼다가 놓으면요? 활시위가 원래 모양으로 되돌아가면서 화살을 멀리 날려 보내죠. 어릴 때 신나게 탔던 트램펄린은 힘을 받아 모양이 변했던 스프링이 원래대로 되돌아가려는 성질을 이용한 운동 기구예요. 이처럼 우리 주변에는 늘어났다 줄어드는 것이 쉽게 일어나는 물체들이 있어요. 이 물체들이 다시 원래 모양으로 되돌아가는 이유는 무엇일까요?

물체에 힘을 작용하면 물체의 모양이 변하기도 해요. 한번 휘어진 쇠젓가락은 원래 모양으로 되돌아가지 않죠. 하지만 고무줄이나 용수철은 잡아당겼다가 놓으면 원래 모양으로 되돌아가요. 이렇게 힘을 받아 모양이 변한 물체가 원래 모양으로 되돌아가려는 성질을 **탄성**이라 하고, 탄성을 가지는 물체를 **탄성체**라고 해요. 예를 들어, 고무·용수철·대나무·쇠자 등은 적당한 크기의 힘을 작용하면 원래의 모양으로 되돌아가는 탄성체예요. 그런데 아무리 탄성이 있더라도 너무 큰 힘을 작용하면 원래의 모양으로 되돌아갈 수 없어요. 완전히 늘어나버린 용수철이 그 예죠.*

용수철을 바닥에 대고 손으로 눌러보세요. 그러면 손에서 용수철이 튀어 오르려는 힘이 느껴져요. 벽에 연결된 용수철을 자신 쪽으로 당기면, 용수철이 벽 쪽으로 줄어들려는 힘이 작용하지요. 이처럼 탄성을 가진 물체의 모양을 변형하면 물체가 원래의 모양으로 되돌아가려는 힘이 작용하는데, 이 힘을 **탄성력**이라고 합니다.

탄성력의 방향은 탄성체에 작용한 힘의 반대 방향이에요. 다음 그림을 보세요. 용수철에 오른쪽으로 당기는 힘이 작용할 때는 용수철이 왼쪽으로 줄어들려 하고, 용수철을 왼쪽으로 누르면 용수철이 오른쪽으로 늘어나려 해요. 용수철은 늘어나거나 줄어든 반대 방향으로 되돌아가려는 탄성력을 가지기 때문이에요. 이와 같이 탄성력은 탄성체를 변형한 반대 방향으로 작용해요. 이때 탄성력의 크기는 탄성체에 작용한 힘의 크기와 같아요.

탄성 한계 내에서, 탄성체가 많이 변형될수록 탄성력의 크기는 어

함께 생각해요!

* **탄성 한계 :** 탄성체가 원래의 모양으로 되돌아갈 수 있는, 즉 탄성을 유지할 수 있는 힘의 한계를 '탄성 한계'라고 해요. 탄성체에 탄성 한계보다 큰 힘을 가하면 탄성체는 원래의 모양으로 되돌아갈 수 없어요.

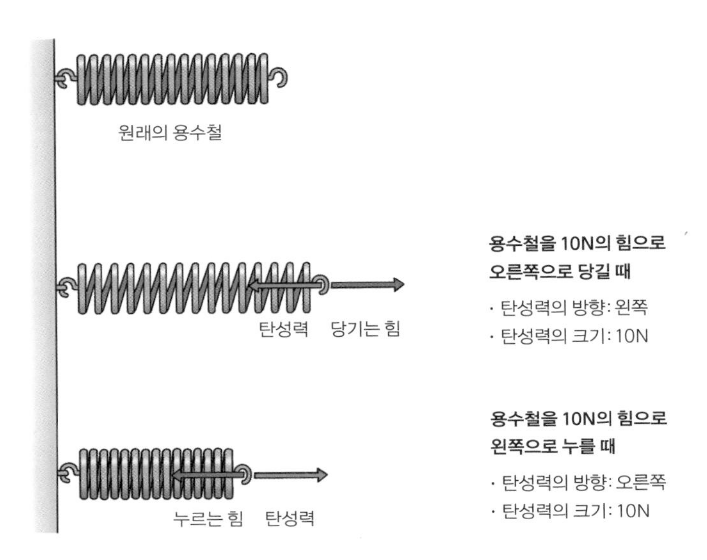

▲ 용수철에 힘을 작용할 때 용수철 탄성력의 방향과 크기

떻게 될까요? 예, 커집니다. 활시위를 많이 당기면 활시위가 원래의 모양으로 되돌아가려는 탄성력이 커져서 화살이 더 멀리 날아가게 되죠.

탄성체에 작용하는 힘에 따라 일정하게 늘어나는 탄성체의 성질을 이용하면 물체의 무게를 측정할 수 있어요. 앞서 '잠깐! 초등개념'에서 봤듯이, 용수철저울은 매단 물체의 무게에 따라 용수철이 일정하게 늘어나는 성질을 이용한 도구예요. 그럼 문제를 하나 내볼게요.

어떤 용수철에 1N짜리 추 한 개를 매달았더니 용수철이 1cm 늘어났고, 1N짜리 추 두 개를 매달았더니 용수철이 2cm 늘어났어요. 이 용수철에 어떤 물체를 매달았더니 용수철이 5cm 늘어났다면, 물체의 무게는 얼마일까요? 그렇죠. 5N이에요.

우리 주변에는 탄성력을 이용한 물건이 많아요. 침대나 소파에 용수철이 없다면 딱딱해서 사용할 때 주의해야 할 거예요. 자동차와 자전거의 타이어는 탄성을 가지고 있어서 충격을 흡수하죠. 참, 공기 타이어는 자전거를 타는 아이에게 충격이 전달되는 것을 줄여주기 위한 아버지의 배려에서 발명됐다고 해요.

이 외에도 장대높이뛰기의 장대, 기타와 같은 현악기의 줄, 운동기구인 완력기에 있는 용수철도 탄성력을 이용한 좋은 예입니다. 최근에는 탄성력을 이용한 생체공학 신발도 나왔어요. 신발에 부착된 스프링의 탄성력이 발을 앞으로 밀어주는 역할을 해서, 이 신발을 신으면 무려 시속 40km로 달릴 수 있다고 하네요.

운동을 방해해주마:
마찰력

여름철에 워터파크로 놀러 가면 미끄럼틀

을 타려고 줄을 서곤 해요. 그런데 이 미끄럼틀에는 놀이터에 있는 것과 달리 물이 계속 흐르죠. 왜 그럴까요? 흐르는 물이 사람과 미끄럼틀 사이의 접촉면을 매끄럽게 만들어주기 때문이에요. 덕분에 워터파크에서 미끄럼틀을 타면 엄청 빠르게 내려올 수 있지요.

반면, 놀이터에 있는 미끄럼틀은 어떤가요? 워터파크의 미끄럼틀만큼 빠르게 내려올 수 없어요. 놀이터의 미끄럼틀은 내려오려는 사람의 운동을 방해하는 힘이 더 크게 작용하기 때문이에요. 이처럼 두 물체의 접촉면에서는 물체의 운동을 방해하는 힘이 작용해요. 이 힘을 **마찰력**이라고 합니다. 그러므로 마찰력이 작을수록 물체를 움직이게 하기 쉽고, 마찰력이 클수록 물체를 움직이게 하기 어려워요.

마찰력은 물체의 운동을 방해하는 방향, 즉 운동 방향과 반대 방향으로 작용해요. 킥보드를 탈 때 계속 발로 땅을 밀어주지 않으면 킥보드의 속력이 점점 줄어들죠? 물체가 움직이는 방향과 반대 방향으로 마찰력이 작용하기 때문이에요.

이번에는 바닥에 놓인 상자를 밀었는데 움직이지 않은 경우를 생각해볼게요. 이때 상자는 왜 움직이지 않을까요? 그래요. 상자와 바닥 사이의 접촉면에서 상자에 작용한 힘과 반대 방향으로 마찰력이 작용해 상자가 움직이는 것을 방해했기 때문이에요. 이처럼 정지한 물체에 힘을 작용해도 물체가 움직이지 않을 때는 물체에 작용한 힘

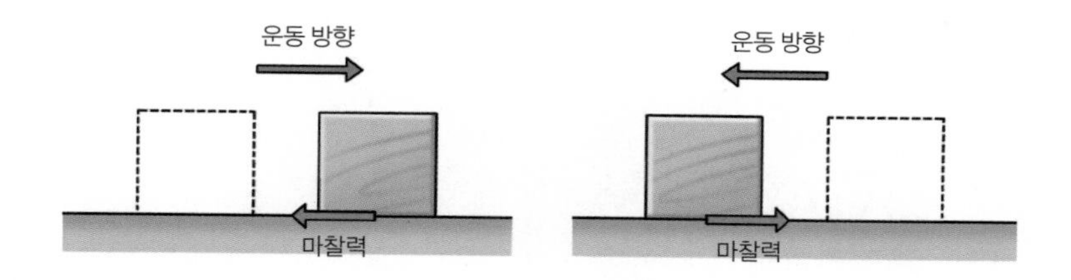

▲ 물체의 운동 방향과 마찰력의 방향

의 크기와 마찰력의 크기가 같아요. 만일 물체를 움직이게 하려고 5N의 힘을 작용했는데 물체가 움직이지 않았다면, 마찰력의 크기도 5N이죠. 물체에 작용한 힘보다 마찰력이 더 커서 움직이지 않는 거라고 오해하진 말자고요.

또한 정지한 물체가 움직이기 시작해 일정한 속력으로 움직일 때, 마찰력의 크기는 물체에 작용한 힘의 크기와 같아요. 용수철저울에 물체를 연결해 일정한 속력으로 끌 때 눈금이 3N이었다면, 마찰력도 3N이라는 뜻이에요. 마찰력은 물체의 운동을 방해하는 힘이라고 했지요? 그러므로 물체가 일정한 속력으로 움직이고 있을 때는 물체에 작용한 힘의 크기와 마찰력의 크기가 같은 거예요. 만일 운동하는 물체에 작용한 힘의 크기가 마찰력보다 크다면 물체는 점점 빨리 운동하게 되고, 마찰력보다 작다면 물체는 점점 느리게 운동하게 됩니다.

마찰력의 크기에 영향을 미치는 요인에는 무엇이 있을까요? 정지해 있는 물체를 움직이게 할 때는 물체에 작용하는 마찰력보다 큰 힘을 작용해야 하죠. 그런데 물체가 움직이기 시작한 순간 물체에 작용한 힘의 크기를 측정해보면 물체의 무게에 비례해요. 즉, 무거운 물체일수록 마찰력이 커요.

그럼 물체가 접촉하는 면의 넓이와 마찰력의 크기는 어떤 관계일까요? 아, 접촉면이 넓을수록 마찰력도 커진다고요? 언뜻 그렇게 생각할 수도 있지만, 사실 마찰력의 크기는 접촉면의 넓이와는 상관이 없답니다.

접촉면의 거칠기와 마찰력의 크기는 어떤 관계가 있는지도 알아볼게요. 이는 빗면의 기울기를 이용해서 확인할 수 있어요. 빗면에 있는 물체에는 아래로 미끄러지려는 힘이 작용하고, 그 반대 방향으로는 마찰력이 작용해요. 만약 물체가 미끄러져 내려가지 않고 정지한 상태로 있다면 두 힘의 크기가 같다는 뜻이에요. 그런데 빗면의 기울기를 점점 증가시키면 아래로 미끄러지려는 힘이 증가하고, 이 힘이 마찰력보다 커지면 물체는 아래로 미끄러져 내려가죠.

이제 접촉면의 거칠기에 따른 마찰력의 크기를 알아보기 위해 본격적인 실험을 해볼까요? 먼저 아크릴 면, 나무 면, 사포 면을 판에 붙인 후 세 면 위에 똑같은 나무 도막을 각각 올려놓습니다. 그런 다음 판의 한쪽 끝을 들어 올리면서 빗면의 기울기를 점점 증가시켜볼게요. 이때 나무 도막이 미끄러지기 시작하는 기울기가 클수록 마찰력이 크다는 뜻이겠죠? 그렇다면 나무 도막은 세 면 중 어디에서 가장 먼저 미끄러질까요? 실험 결과 나무 도막이 미끄러지는 순간의 빗면 기울기는 사포 면이 가장 크고 다음으로 나무 면, 아크릴 면 순이었어요. 이 실험을 통해 접촉면이 거칠수록 마찰력이 크다는 것을 확인할 수 있군요.

접촉면이 거칠수록 마찰력이 커지는 것은 일상에서도 볼 수 있어요. 겨울철 일기 예보에서는 눈이 얼어 길이 미끄러우니 걷거나 운전할 때 조심하라고 하죠? 이는 지표면이 미끄러워 마찰력이 줄어들었기 때문이에요. 또한 굽은 도로나 경사가 심한 도로에서는 마찰력을 증가시키기 위해 미끄럼 방지 포장을 해서 자동차가 미끄러지는 것을 막아줘요.

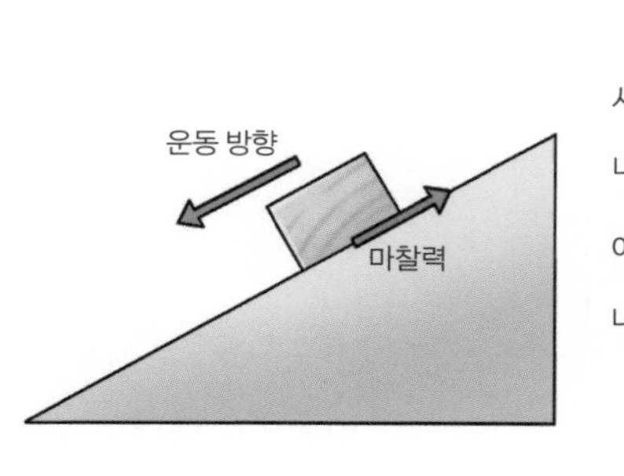

▲ 빗면에서의 마찰력 방향

▲ 접촉면의 거칠기와 마찰력의 크기 관계

우리 생활에서는 이 외에도 마찰력을 이용하는 경우가 많은데, 마찰력을 크게 하는 경우와 작게 하는 경우가 있어요. 먼저 큰 마찰력이 필요한 경우를 볼게요. 야구 투수나 체조 선수가 경기하는 모습을 유심히 보면 손에 횟가루를 발라요. 그러면 공이나 운동 기구와 손바닥 사이의 마찰력이 증가해 힘을 더 잘 작용할 수 있거든요. 자동차 타이어의 홈은 빗물로 인해 타이어와 도로 사이의 마찰력이 줄어드는 것을 막아주죠. 울퉁불퉁한 등산화 바닥이나 눈 오는 날 자동차 바퀴에 감는 체인도 마찰력을 크게 해서 미끄러지는 것을 막기 위한 장치예요.

마찰력이 크다고 항상 좋은 건 아니에요. 커다란 문에 달린 바퀴, 수영장의 물 미끄럼틀, 스키나 스노보드 밑면에 바르는 왁스 등은 마찰력을 줄여서 편리한 예랍니다.

물과 공기 중에서 둥둥: 부력

애니메이션 〈업Up〉을 보면 주인공 할아버지와 남자아이가 수많은 헬륨 풍선을 연결한 집을 타고 여행을 떠나요. 실제로 집을 통째로 뜨게 만들 수는 없겠지만, 헬륨 풍선은 공중에 둥둥 뜰 수 있죠. 여름철 물놀이의 필수품인 튜브도 물에 둥둥 떠요. 이렇게 기체나 액체 속에 있는 물체는 기체나 액체에 의해 위로 떠오르게 하는 힘을 받아요. 이 힘을 **부력**이라고 합니다.

헬륨 풍선이나 튜브는 공기와 물속에서 각각 공기와 물에 의해 위로 밀어 올리는 힘인 부력을 받아서 뜨게 돼요. 부력은 기체나 액체 속에 있는 모든 물체에 작용하며, 힘의 방향은 중력의 반대 방향이에요. 손에 들고 있던 헬륨 풍선을 놓치면 풍선이 하늘 높이 올라가거나, 빈 플라스틱병을 물속으로 밀어 넣었다가 놓으면 수면으로 올라오는 건 중력의 반대 방향으로 부력이 작용하기 때문이지요.

배를 타거나 물놀이를 할 때는 안전을 위해 꼭 구명조끼를 입어야 해요. 물에 빠졌을 때 구명조끼를 입고 있으면 수영을 할 줄 모르는 사람도 물에 뜰 수 있으니까요. 그렇다면 구명조끼와 튜브가 물에 뜨는 건 가볍기 때문일까요? 흔히 물놀이 튜브가 가벼울 거라고 생각하지만, 곰곰이 생각해보면 꼭 그렇지는 않아요. 유아용 튜브는 가볍지만, 해변에서 대여해주는 커다란 고무 튜브는 혼자서 들 수 없을 만큼 무겁잖아요. 이렇게 무거운데 신기하게도 물에 넣으면 둥둥 잘 뜨죠. 무거운 튜브가 뜰 수 있는 이유는 튜브에 작용하는 중력과 부력의 크기가 같기 때문이에요. 부력이 중력보다 크기 때문에 튜브가 물에 떠 있다고 생각하기 쉬운데, 그건 아니에요. 물속에 억지로 튜브를 밀어 넣으면 부력이 더 커지므로 튜브가 물 위로 떠오르죠. 그러다가 중력과 부력의 크기가 같아지면 그대로 떠 있게 돼요.

그럼 물체에 작용하는 부력보다 중력의 크기가 더 크다면 어떻게 될까요? 그렇죠. 물체는 아래로 가라앉게 돼요. 그래서 튜브보다 가볍더라도 조약돌은 물에 가라앉는 거예요. 조약돌에 작용하는 부력보다 중력의 크기가 크기 때문이에요.

공기 중에서도 마찬가지예요. 헬륨 풍선이 공중으로 높이 떠오르는 건 풍선에 작용하는 중력보다 부력의 크기가 크기 때문이에요. 하지만 입으로 분 풍선은 공중에 뜨지 않고 천천히 가라앉아요. 풍선에 작용하는 부력보다 중력의 크기가 크기 때문이죠.

부력의 크기는 어떻게 측정하고, 어떤 요인에 영향을 받을까요?

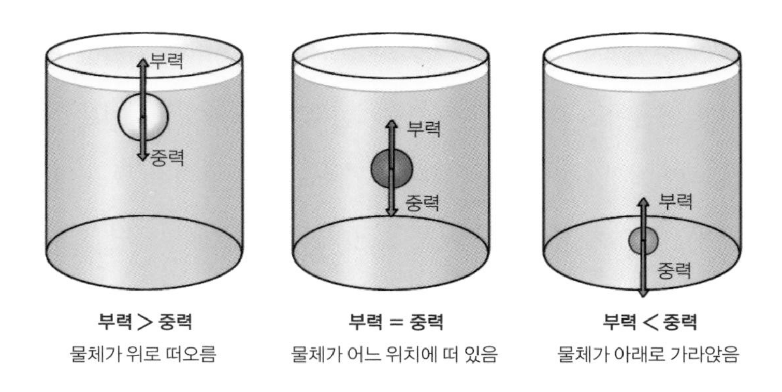

▲ 물속 물체에 작용하는 부력과 중력의 크기 비교

지금부터 물속에서 물체가 받는 부력의 크기를 측정해볼게요. 우선 용수철저울에 나무 도막을 매달아서 무게를 측정합니다. 그런 후 아래 그림의 (가)처럼 나무 도막을 반쯤 물에 넣어요. 이때 나무 도막의 무게가 6N이었다가 반쯤 물에 넣었더니 4N이 됐다면, 나무 도막에 작용한 부력의 크기는 줄어든 무게만큼인 2N[6N-4N=2N]이에요. 그러니까 물체에 작용하는 부력의 크기는 다음과 같은 식으로 구할 수 있어요.

부력의 크기 = 물 밖에서의 물체의 무게 − 물속에서의 물체의 무게

이번에는 이 나무 도막을 그림의 (나)처럼 물속에 완전히 잠기도

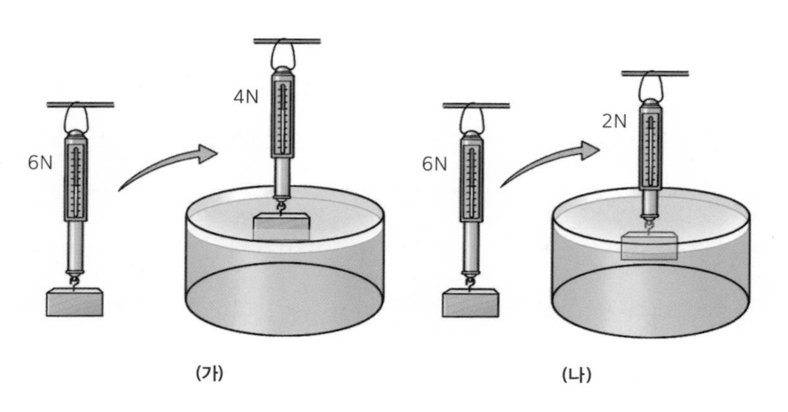

▲ 물속에서 부력을 측정하는 방법

록 넣었더니 용수철저울의 눈금이 2N이 됐다면, 이때 부력의 크기는 얼마일까요? 맞아요. 4N$^{6N-2N=4N}$이에요. 이 실험을 통해 알 수 있듯이, 물에 잠긴 부분의 부피가 클수록 부력의 크기가 커요.

그리고 이때 나무 도막에 작용하는 부력의 크기는 '나무 도막이 물 속에서 차지하는 부피만큼의 물의 무게'와 같아요. 이 말이 무슨 뜻인지 이해하기 위해, (나)의 경우 그릇에 물이 가득 들어 있다고 가정해 볼게요. 이 그릇에 나무 도막을 완전히 잠기도록 넣는다면 그릇 속 물은 어떻게 될까요? 그렇죠. 나무 도막의 부피만큼 물이 그릇 밖으로 넘칩니다. 이 넘친 물의 무게가 바로 나무 도막에 작용하는 부력의 크기예요.

부력은 우리 생활에서 어디에 이용될까요? '잎새뜨기'는 생존 수영법으로, 물에 빠졌을 때 힘을 빼고서 마치 나뭇잎이 뜬 것처럼 가만히 누워 있는 거예요. 그러면 부력에 의해 몸이 물에 뜨므로, 수영을 할 줄 몰라도 구조대가 올 때까지 버틸 수 있지요. 그러니 여러분도 잎새뜨기의 정확한 호흡법과 자세를 꼭 익히도록 하세요.

또한 수영할 때는 숨을 들이쉬고 가만히 있으면 몸이 물에 뜨지만, 숨을 내쉬면 몸이 물속으로 가라앉아요. 왜 그럴까요? 숨을 들이쉬든 내쉬든 몸무게는 거의 차이가 없어요. 즉, 내 몸에 작용하는 중력은 같죠. 변하는 것은 부력의 크기예요. 숨을 들이쉬면 가슴이 부풀어 오르죠? 그러면 물속에서 몸이 차지하는 부피가 커지므로 부력이 증가해 몸이 뜨는 거예요. 반대로 숨을 내쉬면 물속에서의 몸의 부피가 줄어들어 몸이 물속으로 가라앉아요. 물고기가 부레를 이용해 물속에서 뜨고 가라앉는 것도 이와 같은 원리예요.

앞서 말한 물놀이용 튜브나 구명조끼도 안에 공기를 넣어 물에 잠기는 부피를 늘리면 부력이 커지게 되고, 이 부력 덕분에 뜰 수 있는 겁니다. 무거운 배가 뜨는 이유도 물에 잠기는 부피가 커서 부력이 크기 때문이며, 하늘 위로 올라가는 열기구도 따뜻한 공기를 넣을 때 생기는 부력을 이용해요.

잠수함의 경우에는 조금 달라요. 잠수함은 쇠로 만들어졌으니 물속에서 차지하는 부피를 변하게 할 수는 없지요. 그래서 잠수함은 내부의 공기 조절 탱크에 물을 채우거나 잠수함 밖으로 물을 내보내서, 즉 잠수함의 무게를 조절하는 방법으로 뜨거나 가라앉아요. 잠수함에 작용하는 부력은 일정한데, 탱크에 물을 채우면 잠수함에 작용하는 중력이 부력보다 커서 물속으로 가라앉고, 탱크의 물을 잠수함 밖으로 내보내면 중력이 줄어들어 잠수함이 물 위로 떠오르게 되죠.

부력을 이용하면 좋은 볍씨를 분리할 수도 있어요. 소금물에 쭉정이와 섞인 볍씨를 넣으면 속이 꽉 찬 볍씨는 부력보다 중력이 커서 소금물에 가라앉고 쭉정이는 소금물 위에 뜨죠. 참고로 염분이 높기로 유명한 사해에서는 호수 물에 누워서 독서를 할 수 있을 정도로 부력이 크답니다.

힘센 개미의 정체: 합력

영차, 영차! 자기 몸집보다 훨씬 큰 먹이를 함께 끌고 가는 개미들의 모습을 길에서 한 번쯤은 본 적이 있을 거예요. 특별한 도구도 없이 큰 물체를 옮길 수 있는 개미들의 능력이 정말 놀랍죠? 그래서 개미처럼 작은 영웅이 엄청난 힘을 발휘하는 〈앤트맨〉 같은 영화가 나왔는지도 모르겠군요. 실제 개미들은 어떻게 큰 물체를 움직이게 할 수 있을까요?

개미들이 놀라운 일을 해낼 수 있는 건 바로 '무리의 힘' 덕분이에요. 커다란 먹이에 많은 수의 개미들이 한꺼번에 달라붙어서 옮기기 때문이죠. 기계를 발명하기 전에는 사람들도 개미와 같은 방법으로 무거운 돌을 옮겨 거대한 건축물을 세웠어요.

우리는 흔히 어려운 일을 할 때 "힘을 합쳐야 한다"라고 말하는데, 하나의 목표를 위해 그 방향으로 노력하자는 의미예요. 과학에서도 힘을 합칠 때 힘의 방향이 중요해요. 어떤 물체에 같은 방향으로 여

러 힘을 작용하면 힘의 효과가 커지고, 서로 반대 방향으로 힘을 작용하면 힘의 효과가 줄어들죠.

한 물체에 둘 이상의 힘이 작용하고 있을 때와 똑같은 효과를 내는 하나의 힘을 **합력** 또는 **알짜힘**이라고 해요. 예를 들어, 상자를 당기기 위해 오른쪽으로 한 사람이 50N, 또 한 사람이 100N의 힘을 작용한다고 생각해보세요. 이 두 힘이 작용한 것이나 오른쪽으로 한 사람이 150N의 힘을 작용한 것이나, 힘의 효과는 같아요. 이때 오른쪽으로 작용하는 150N의 힘이 두 힘의 합력이에요.

두 힘의 합력을 구하는 방법은 쉬워요. 두 힘의 방향이 같으면 두 힘을 더하고, 두 힘의 방향이 반대이면 큰 힘에서 작은 힘을 뺀 후 큰 힘 쪽으로 힘의 방향을 정하면 된답니다. 아래 그림을 보세요. 물체에 오른쪽으로 각각 50N, 100N의 힘이 작용하는 경우 합력은 오른쪽으로 150N이에요. 왼쪽으로 100N, 오른쪽으로 50N의 힘이 작용할 때는 어떨까요? 100N에서 50N을 빼면 50N이고, 힘의 방향은 더 큰 100N 쪽으로 정하면 돼요. 따라서 합력은 왼쪽으로 작용하는 50N의 힘이에요.

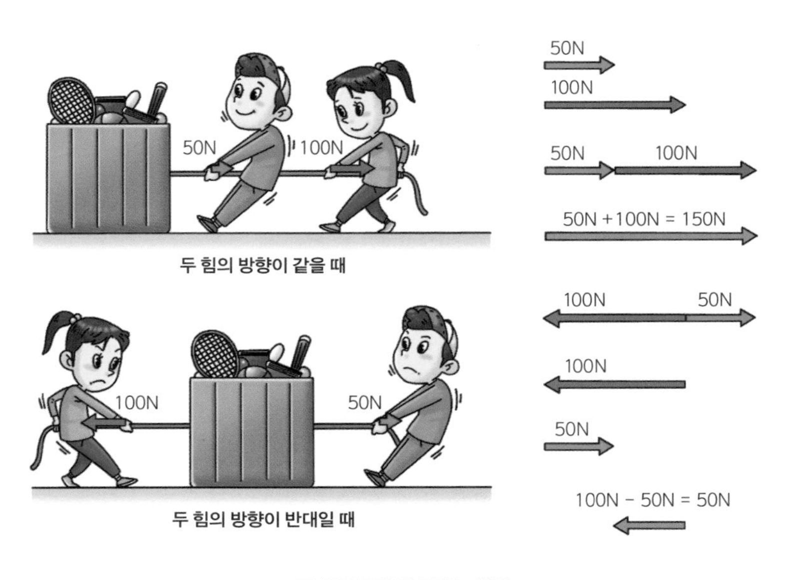

▲ 두 힘의 합력을 구하는 방법

그럼 셋 이상의 힘이 작용할 때는 어떻게 합력을 구할까요? 이럴 경우에는 먼저 두 힘의 합력을 구한 후, 그 결과와 다른 힘의 합력을 차례로 구하면 돼요. 물체에 오른쪽으로 각각 50N, 100N의 힘이 작용하고, 왼쪽으로 120N의 힘이 작용한다고 가정해볼게요. 우선 오른쪽으로 작용하는 50N의 힘과 100N의 힘의 합력은 오른쪽으로 150N이죠? 여기에서 왼쪽으로 작용하는 힘 120N을 빼면 오른쪽으로 작용하는 힘 30N이 돼요. 따라서 이 세 힘의 합력은 오른쪽으로 작용하는 30N의 힘입니다. 합력의 개념, 어렵지 않죠?

우주의 무중력 상태는 어떤 의미일까?

여러분, 앞서 우주 공간에서는 중력이 작용하지 않아 우주인이 둥둥 떠다닌다고 했어요. 그런데 이 우주인에게도 지구의 중력이 작용해요. 다만 지구에 비해서 중력이 조금 작용할 뿐이죠. 사실 '중력이 없는' 것이 아니라 '무게가 없는' 것이랍니다. 따라서 정확하게 말하면 '무중량 상태'라고 표현하는 것이 맞아요. 하지만 여기서는 구분하지 않고 이야기를 이어갈게요.

우주에서는 중력이 없어서 지구와 다른 현상들을 관찰할 수 있기에 우주로 가서 여러 가지 실험을 하기도 해요. 우주에 갔을 때 관찰할 수 있는 몇 가지 특이한 현상을 소개할게요.

첫째, 우주에 가면 완전한 '구형'의 물방울이 우주선 내부를 둥둥 떠다녀요. 중력이 없으니 물방울이 표면 장력에 의해 완벽하게 둥근 모양인 거예요. 참고로 표면 장력이란 물을 구성하는 입자물 분자들이 서로 끌어당겨서 표면의 넓이를 최소화하려는 힘이에요. 우주에서는 비눗방울도 터지지 않고 동그란 형태를 계속 유지할 수 있어요.

둘째, 촛불도 길쭉한 타원형이 아니라 둥근 모양으로 타요. 정확히는

'반구형'이죠. 그리고 얼마 지나지 않아서 촛불은 꺼져요. 중력이 없으므로, 무거운 공기는 내려가고 가벼운 공기는 올라가는 대류 현상이 일어나지 않아, 산소를 계속 공급받지 못하기 때문이에요.

셋째, 우주선에서 오랜 시간 생활하면 뼈에서 칼슘이 빠져나가므로 뼈가 약해져요. 이는 중력이 없어서 뼈에 자극이 없기 때문이라고 해요. 그래서 장기간 우주에 머물러야 하는 우주인은 우주선 내에서 계속 운동을 한답니다.

그럼 왜 우주에서 여러 가지 실험을 하려 할까요? 예를 들어, 우주의 무중력 공간은 바이오 기업이나 반도체 기업에게 흥미로운 연구 대상이에요. 중력이 없으니 그만큼 순도가 높은 정밀한 화학 반응을 일으킬 수 있기 때문이죠. 지구에서는 중력에 의한 대류 현상으로 순도 높은 물질을 제조하는 게 쉽지 않아요. 대류 현상이 일어나면 밀도물질의 단위 부피당 질량에 차이가 생겨서, 일정한 밀도를 유지해야 하는 고순도 물질의 제조가 어렵거든요. 하지만 우주에서는 중력이 없어 그만큼 유리해요. 물론 바이오나 반도체 산업 외에도 순도 높은 물질을 필요로 하는 분야는 많지요. 선진국에서 왜 우주에 실험실을 만들려고 하는지 이제 이해가 되나요?

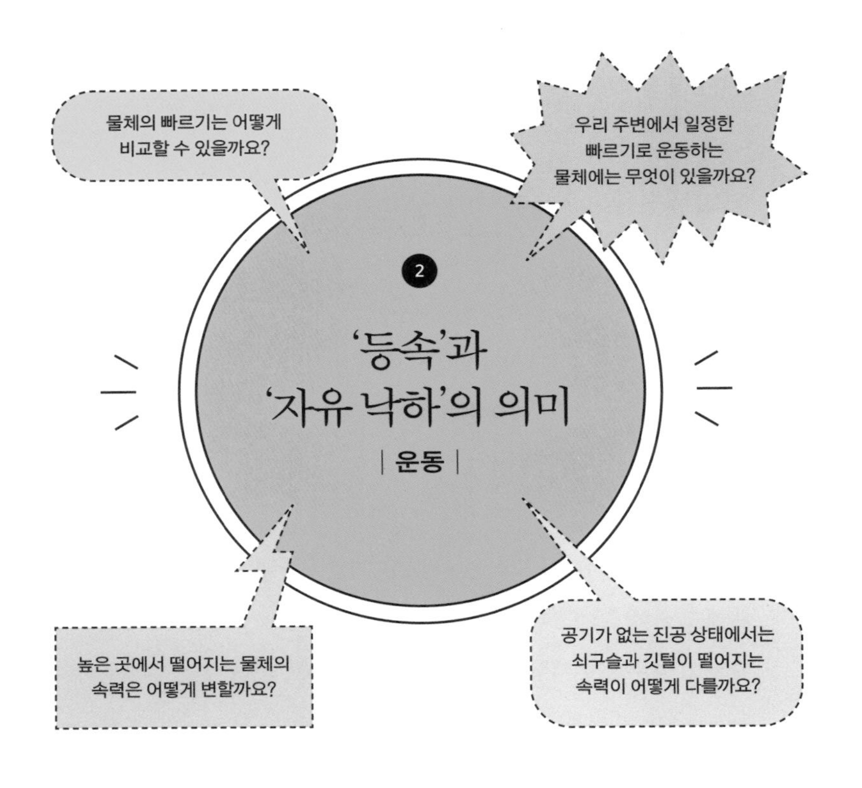

《이솝 우화》 중에서 〈토끼와 거북이〉를 보면, 토끼와 거북이가 경주하는 장면이 나와요. 토끼가 중간에 낮잠을 자는 바람에 결국 꾸준히 달린 거북이가 이긴다는 내용은 너무나 유명하죠? 흔히 "토끼는 빠르고 거북이는 느리다"라고 말하는데, 왜 빠른 토끼가 느린 거북이에게

졌을까요? 이번 단원에서는 이 세기의 대결(?)을 포함한 물체의 운동을 과학적인 관점에서 해석해볼게요.

경주의 승자: 속력

애니메이션 〈주토피아〉를 보면 '세상에서 가장 빠른 나무늘보'라고 불리는 플래시라는 등장인물이 나와요. 나무늘보의 이름을 가장 빠른 슈퍼히어로의 이름을 따서 짓다니, 참 재미있는 발상이죠? 애니메이션이니까 그렇게 느리게 묘사했을 거라고 생각하기 쉽지만 실제로 나무늘보는 매우 느리게 움직여요. 그런데 이런 나무늘보도 운동을 할까요?

나무늘보는 대부분의 시간을 나무에 매달린 채 보내요. 그렇다고 나무늘보를 게으른 동물이라고 생각하면 안 됩니다. 나름 자신이 처한 환경에서 열심히 생활하고 있으며, 단지 적게 먹고 적게 움직이도록 진화했을 뿐이에요. 나무늘보도 나무에서 일을 보기 위해 아래로 내려오는데, 이렇게 물체의 위치가 시간에 따라 변할 때 물체가 '운동한다'고 표현해요. 운동하는 물체는 나무늘보처럼 느리게 움직이는 것도 있고, 비행기처럼 빠르게 움직이는 것도 있어요. 그렇다면 물체가 얼마나 빠르게 운동하는지는 어떻게 나타낼까요?

잠깐! 초등개념

물체의 빠르기

달리는 자동차는 시간이 지남에 따라 위치가 바뀌지만, 나무나 건물은 늘 같은 자리에 있지요? 이처럼 운동하는 물체는 시간이 지남에 따라 위치가 변하고, 운동하지 않는 물체는 시간이 지나도 위치가 변하지 않아요. 따라서 물체의 운동을 나타내기 위해서는 '물체의 이동 거리기준점으로부터 실제로 물체가 움직인 거리'와 '물체가 이동하는 데 걸린 시간'을 측정합니다.

그렇다면 물체의 빠르기는 어떻게 비교할 수 있을까요? 먼저 이동 거리가 같을 때는 이동하는 데 걸린 시간이 짧을수록 더 빠른 물체예요. 100m 달리기를 떠올려보세요. 더 짧은 시간 안에 결승선에 도달한 선수가 더 빠르게 운동한 거죠. 물체가 같은 시간 동안 이동할 때는 어떨까요? 이 경우에는 이동한 거리가 길수록 더 빠른 물체라고 할 수 있어요. 30분 동안 5km를 달린 사람이 30분 동안 3km를 달린 사람보다 빠른 거죠.

그리고 물체의 이동 거리와 이동하는 데 걸린 시간이 모두 다를 때는 '속력'을 구해서 빠르기를 비교해요. 속력은 물체가 단위 시간 동안 이동한 거리로, 물체의 이동 거리를 이동하는 데 걸린 시간으로 나누면 구할 수 있어요. 참고로 단위 시간은 1초나 1분, 1시간 등을 말하죠. 그러니까 1초 동안 이동한 거리가 길수록 더 빠른 물체예요.

실제로는 상황에 따라 동물들의 움직임이 달라지겠지만, 일단 1초에 1cm를 움직이는 달팽이, 1분에 1.2m를 움직이는 나무늘보, 1시간에 360m를 움직이는 거북이가 있다고 가정해볼게요. 이때 달팽이, 나무늘보, 거북이가 경주를 한다면 누가 우승할까요? 100m 달리기처럼 일정 거리를 정해두고 이동하는 데 걸린 시간이 짧은 순서로 빠르기를 비교하는 방법도 있지만, 실제로 세 동물을 경주시킬 수는 없으니 다른 방법이 필요하겠군요. 이때는 '물체가 일정한 시간 동안 이동한 거리'를 구하면 되는데요. 이를 **속력**이라고 합니다. 즉, 속력은 이동 거리를 걸린 시간으로 나눈 값이에요.

$$\text{속력} = \frac{\text{이동 거리}}{\text{걸린 시간}}$$

속력의 단위인 m/s는 '미터 매 초', '미터 퍼 세컨드' 또는 '초속 미터'로, km/h는 '킬로미터 매 시', '킬로미터 퍼 아워' 또는 '시속 킬로미터'로 읽어요. 여러분, 과학에서는 단위가 매우 중요해요. 단위의 의미만 제대로 이해해도 많은 것을 알 수 있기 때문이죠. 1m/s는 1초에 1m를 움직이는 빠르기라는 의미이고, 60km/h는 1시간에 60km를 움직이는 빠르기라는 의미예요.

그럼 세 동물의 속력을 구해볼까요? 아래 식에서 min은 시간 단위인 '분'을 의미해요.

- 달팽이의 속력 $= \frac{1cm}{1s} = \frac{0.01m}{1s} = 0.01m/s$

- 나무늘보의 속력 $= \frac{1.2m}{1min} = \frac{1.2m}{60s} = 0.02m/s$

- 거북이의 속력 $= \frac{360m}{1h} = \frac{360m}{3600s} = 0.1m/s$

자, 이렇게 속력을 구해봤는데요. 이제 셋 중 누가 더 빠른지 한눈에 알 수 있지요? 거북이가 1초에 0.1m를 달리는 가장 빠른(?) 동물이군요. 다음이 나무늘보, 달팽이 순이에요.

속력을 구하면 누가 더 빠른지 알 수 있을 뿐만 아니라 시간이 지나는 동안 얼마나 이동하는지도 알 수 있어요. 예를 들어, 거북이의 속력을 보면 10초 동안에는 1m $0.1m/s \times 10s = 1m$ 를 이동할 거라고 예측할 수 있죠.

다시 〈토끼와 거북이〉를 떠올려볼게요. 경주에서 거북이가 먼저 목표 지점에 도착했으니 더 빠르다고 할 수 있을까요? 예, 거북이가 더 빨라요. 하지만 우리가 알기로는 분명 토끼가 거북이보다 더 빠른

동물인데, 이상하네요?

여기서 알아야 할 개념이 평균 속력과 순간 속력이에요. **평균 속력**은 전체 이동 거리를 걸린 시간으로 나눈 값이고, **순간 속력**은 아주 짧은 시간 동안의 이동 거리를 걸린 시간으로 나눈 값입니다. 경주하는 동안 토끼의 순간 속력이 거북이보다 빠른 곳이 있었을 거예요. 하지만 토끼는 중간에 낮잠을 잤기 때문에 전체 걸린 시간은 거북이보다 더 길었죠. 따라서 순간 속력은 토끼가 빨랐지만, 평균 속력은 거북이가 빨랐어요.

언제나 일정한 빠르기로: 등속 운동

영화 〈어벤져스: 엔드게임〉을 보면 아이언맨이 탄 우주선이 연료가 바닥나 우주 공간에서 일정한 빠르기로 계속 움직이는 장면을 볼 수 있어요. 로켓을 작동할 수 없는 우주선은 빠르기와 방향의 변화 없이 일정한 속력으로, 직선으로 운동하죠. 이렇게 우주 공간에서는 물체에 힘이 작용하지 않아서 물체가 일정하게 움직이지만 지구에서는 그렇지 않아요. 우리가 일상생활에서 볼 수 있는 물체들은 어떤 운동을 할까요?

물체는 정지해 있거나 운동을 하거나, 둘 중 하나의 상태예요. 그리고 운동하는 물체들을 보면 물체의 운동 방향이 변하거나 빠르기가 변하는 운동을 하며, 운동 방향과 빠르기가 동시에 변하는 물체들도 많아요. 사실 우리 주변에서 일정한 빠르기로 움직이는 물체는 보기 힘들죠. 그런데 공항이나 기차역에 설치된 무빙워크를 타면, 사람은 일정한 빠르기로 일직선으로 움직이게 돼요. 이렇게 일정한 빠르기로 일직선으로 움직이는 물체의 운동을 **등속**等 같을 등, 速 빠를 속 **직선 운동**이라고 해요. 에스컬레이터, 컨베이어, 스키 리프트, 에어 테이블 위에서 움직이는 퍽puck 등도 등속 직선 운동의 예랍니다.

등속 직선 운동은 등속 운동이라고 할 수도 있어요. **등속 운동**이란, 말 그대로 '시간이 지나도 속력이 변하지 않는 운동'이죠. 여기에 직선이라는 말이 추가된 것은 방향이 변하지 않기 때문이에요. 그런데 등속 운동을 하는 물체는 이동 방향이 변하지 않으므로, 결국 등속 직선 운동과 등속 운동은 같은 의미예요. 그래서 지금부터는 간단하게 등속 운동으로 표현할게요.

등속 운동을 하는 물체의 움직임은 스마트폰으로 촬영해서 확인할 수 있어요. 이때 동영상 기능이 1초에 30프레임이라면 1초에 30번의 사진을 찍는다는 의미이므로, 프레임은 동영상을 촬영하는 시간 간격이 돼요. 따라서 동영상을 분석한 결과, 물체가 이동한 거리가 각 프레임마다 같다면 이 물체는 등속 운동을 한 겁니다.

등속 운동은 다음과 같이 두 가지 그래프로 나타낼 수 있어요. 먼저 시간-이동 거리 그래프를 볼게요. 이를 통해 무엇을 알 수 있을까요? 아하, 물체가 이동하는 데 걸린 시간에 비례해서 이동 거리가 증가하

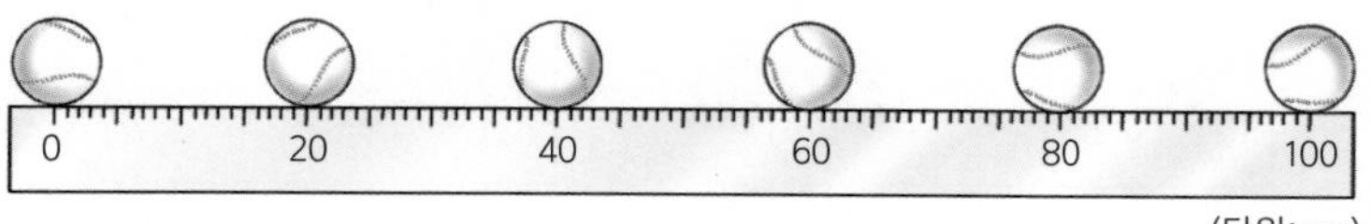

▲ 등속 운동을 하는 공을 0.2초 간격으로 연속 촬영한 모습

등속 운동을 하는 물체의 사진을 일정한 시간 간격으로 찍으면, 물체가 같은 시간 동안 같은 거리만큼 이동한다는 것을 알 수 있다.

는군요. 또한 이 그래프의 기울기는 $\frac{\text{세로축의 변화량}}{\text{가로축의 변화량}} = \frac{\text{이동 거리}}{\text{걸린 시간}}$ 예요. 그럼 시간-이동 거리 그래프의 기울기는 무엇을 의미할까요? 그렇죠. 바로 물체의 속력이랍니다.

이번에는 시간-속력 그래프를 볼게요. 시간이 지나도 물체의 속력이 일정하므로 기울기가 시간축에 나란한기울기가 0인 모양이네요. 우리는 이 그래프를 통해 물체가 이동한 거리를 알 수 있는데, 그래프 아래의 넓이가 이동 거리를 의미하죠. '이동 거리 = 속력×걸린 시간'이니까요. 이처럼 등속 운동을 하는 물체의 속력을 안다면 걸린 시간만 측정해도 이동 거리를 알 수 있어요. 만약 번개가 치고 5초 후 천둥소리를 들었다면, 번개가 친 곳까지의 거리가 얼마나 될지 계

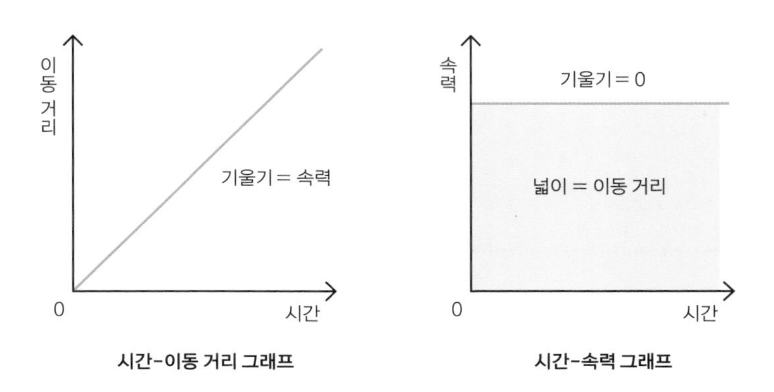

▲ 등속 운동 그래프

산할 수 있지요. 일반적으로 공기 중에서 소리의 속력이 340m/s이므로, 번개가 친 곳까지는 1,700m340m/s × 5s = 1,700m 떨어져 있군요.

여러분, 여기까지 읽어오는 데 큰 어려움은 없었죠? 혹시 어렵거나 이해가 잘 안된다고 해도 실망할 필요는 없어요. 사실 중학교 3학년 선배들도 물리학 중에서 '운동' 단원의 내용을 가장 어려워하거든요. 수학적인 이해가 필요하기 때문이에요. 하지만 수학과 물리학에 조금 더 익숙해지면 이 내용도 이해가 잘될 테니 너무 걱정하지 마세요!

점점 빠르게 떨어지네:
자유 낙하 운동

번지 점프는 수십 미터나 수백 미터 높이에서 뛰어내리며 스릴감을 즐기는 스포츠예요. 번지 점프대에서 뛰어내린 사람은 점점 빠른 속력으로 내려오다가 강이나 바닥에 충돌하기 전, 줄에 의해 당겨져 다시 올라가죠. 그렇다면 번지 점프대에서 뛰어내린 사람은 어떤 운동을 하게 될까요?

이 질문에 대한 답을 찾기 위해 공을 하나 준비해볼게요. 손으로 잡고 있던 공을 떨어뜨리면 어떤 운동을 할까요? 공이 어떻게 운동하는지 자세히 알 수는 없어도 중력에 의해 아래로 떨어진다는 것은 알 수 있지요? 번지 점프를 하는 사람이나 손으로 잡고 있다가 놓은 공처럼, 정지해 있던 물체가 중력만 받으면서 아래로 떨어지는 운동을 **자유 낙하 운동**이라고 해요. 자유 낙하 운동에서는 물체에 작용하는 공기 저항을 고려하지 않아요.

그런데 공을 손으로 잡고 있다가 놓으면 순식간에 떨어지기 때문에 눈으로는 공이 어떻게 운동하는지 정확히 알 수 없어요. 그래서 유명한 과학자인 갈릴레이도 빗면을 이용해 물체의 운동을 연구했죠. 하지만 오늘날 여러분에게는 강력한 운동 분석 도구가 있어요! 맞아요. 다시 한번 스마트폰을 이용할 시간이군요. 스마트폰을 고정한 채 떨어지는 공을 촬영하면 그 운동을 분석할 수 있답니다.

자, 결과는 어떻게 나올까요? 방금 전에 한 프레임은 일정한 시간 간격이라고 설명했지요? 다음 그림은 프레임 간격을 0.1초로 해서 촬영한 사진을 연속으로 나열한 후 기록한 거예요. 그 값을 보면 공은 0.1초에는 4.9cm, 0.2초에는 19.6cm, 0.3초에는 44.1cm … 이렇게 이동했군요. 자유 낙하를 하는 공이 어떤 운동을 했는지는 표로 만들어보면 이해하기 쉬워요.

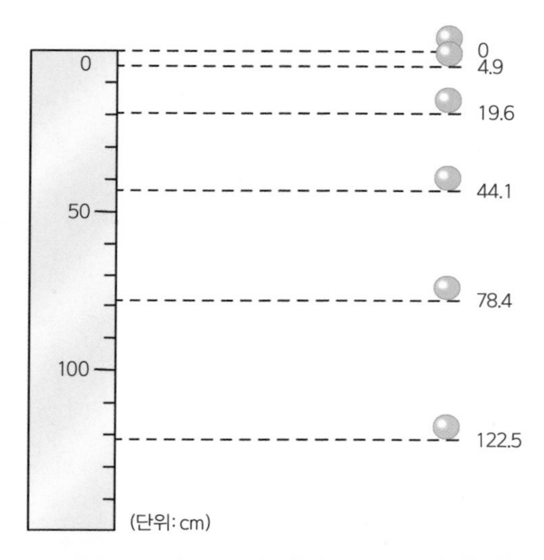

▲ 자유 낙하 운동을 하는 공을 0.1초 간격으로 연속 촬영한 모습

자유 낙하 운동을 하는 물체는 시간이 지날수록 같은 시간 동안 이동한 거리가 증가한다.

시간(s)	0~0.1	0.1~0.2	0.2~0.3	0.3~0.4	0.4~0.5
구간 이동 거리(cm)	4.9	14.7	24.5	34.3	44.1
구간 평균 속력(m/s)	0.49	1.47	2.45	3.43	4.41
속력 변화		0.98	0.98	0.98	0.98

위의 표에서 구간 이동 거리는 매 0.1초마다 움직인 거리로, 0~0.1초 사이에는 4.9cm를 이동했고, 0.1~0.2초 사이에는 14.7cm[19.6−4.9=14.7(cm)]를 이동했어요. 이런 방식으로 나머지 구간의

이동 거리도 구할 수 있죠. 이제 구간 평균 속력을 구해볼게요. 우선 0~0.1초 사이의 평균 속력은 다음과 같아요.

$$0\sim0.1\text{초 사이의 평균 속력} = \frac{\text{이동 거리}}{\text{걸린 시간}} = \frac{4.9\text{cm}}{0.1\text{s}} = 0.49\text{m/s}$$

나머지 구간도 같은 방식으로 계산하면 돼요.

다음으로 평균 속력이 구간에 따라 어떻게 변하는지 속력 변화를 구해볼게요. 첫 번째와 두 번째 구간 사이에서 속력 변화는 1.47 − 0.49 = 0.98입니다. 신기하게도 나머지 구간에서의 속력 변화 모두 0.98이 나와요. 여러분, 이는 무엇을 의미할까요? 그렇죠. 공은 0.1초마다 속력이 0.98m/s씩 일정하게 증가해요. 그러니까 자유 낙하 운동을 하는 공은 1초마다 속력이 9.8m/s씩 일정하게 증가한다는 거예요. 즉, 자유 낙하 후 1초가 지나면 공의 속력은 9.8m/s가 되고, 2초가 지나면 19.6m/s가 돼요. 이때 속력 변화량 9.8을 **중력 가속도 상수**라고 해요. 상수常 항상 상, 數 셈 수는 변하지 않고 고정된 값이라는 뜻이에요. 잠깐, 그럼 가속도는 무엇일까요? 이에 대해서는 잠시 후 설명할게요.

이제 자유 낙하 운동을 나타내는 두 가지 그래프를 볼게요. 먼저 시간-이동 거리 그래프를 보면 물체가 같은 시간 동안 이동하는 거리가 점점 증가한다는 것을 알 수 있어요. 또한 시간-속력 그래프를 보면 시간에 따라 물체의 속력이 일정하게 증가한다는 것을 알 수 있지요.

중력 가속도 상수에 대해 조금 더 이야기해볼까요? 사실 여러분은 앞에서 이에 관해 잠깐 배웠어요. 중력 가속도 상수는 중력과 관련이 있거든요. 물체의 질량에 중력 가속도 상수를 곱하면 바로 중력의 크기인 무게가 된답니다. 그러니까 질량이 1kg인 물체에 9.8을 곱하면 이 물체의 무게인 9.8N이 되죠. 하지만 지구 외의 곳에서는 중력 가속도 상숫값이 다른데, 예를 들어 달에 가면 이 상숫값이 지구의 $\frac{1}{6}$밖에 되지 않아요. 그래서 달에 가서 어떤 물체의 무게를 측정하면 지구에서의 $\frac{1}{6}$밖에 안 되는 겁니다. 물론 물체의 질량은 변함이

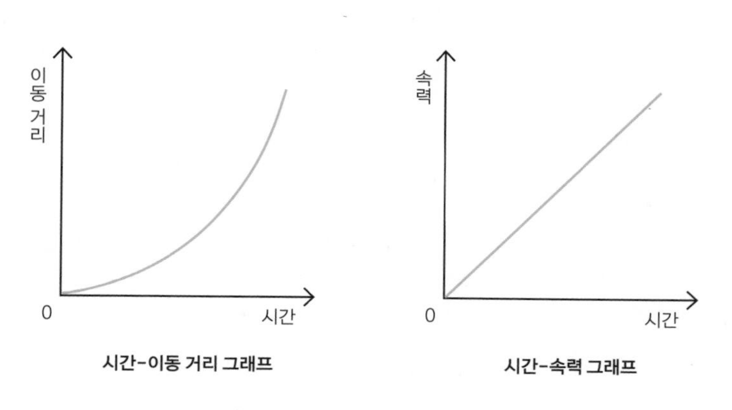

▲ 자유 낙하 운동 그래프

없고, 단지 중력 가속도 상숫값이 달라서 무게만 변하는 거예요.

그렇다면 볼링공과 깃털처럼, 무거운 물체와 가벼운 물체를 동시에 떨어뜨리면 어떻게 될까요? 우리는 그 결과를 쉽게 예측할 수 있어요. 볼링공과 깃털을 동시에 떨어뜨리면 당연히 볼링공이 먼저 떨어지죠. 그럼 공기가 없는 진공 중에서 떨어뜨려도 같은 결과가 나올까요?

볼링공과 깃털을 진공 중에서 낙하 실험한 영상은 어렵지 않게 찾아볼 수 있는데, 실험 장면을 보면 정말 놀라워요. 볼링공과 깃털이 동시에 떨어지거든요! 공기가 있을 때는 볼링공이 먼저 떨어지지만, 진공 중에서는 깃털도 볼링공처럼 빨리 떨어지죠. 공기 중에서는 깃털에 작용하는 공기 저항이 크기에 깃털이 볼링공보다 천천히 떨어지지만, 진공 상태에서는 물체에 작용하는 공기 저항이 없기에 볼링공과 깃털 모두 자유 낙하 운동을 하기 때문입니다. 자유 낙하 운동을 하는 물체는 크기나 질량에 상관없이 시간에 따라 속력이 일정하게 증가하므로 동시에 떨어지는 거예요. 그렇다면 시간에 따라 속력이 얼마큼 증가할까요? 그래요. 1초당 9.8m/s예요. 공기 저항을 무시한다면 지구상에서 모든 물체는 시간에 따라 동일한 속력 변화로 낙하해요. 갈릴레이의 '피사의 사탑 실험'이 바로 이와 관련되지요.

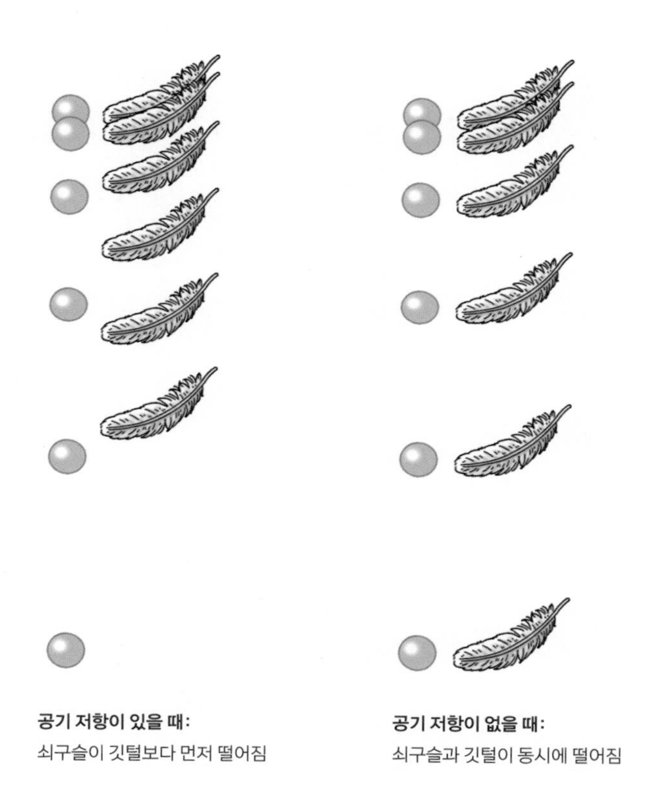

▲ 쇠구슬과 깃털이 낙하하는 모습

피사의 사탑은 이탈리아에 있는 기울어진 탑으로, 갈릴레이가 물체의 낙하 운동을 실험한 장소로도 유명해요. 피사의 사탑 위에서 무거운 물체와 가벼운 물체를 떨어뜨렸는데, 이 두 물체가 동시에 땅에 떨어졌다는 거죠. 그러니까 이 실험은 공기 저항을 무시할 때 물체가 같은 속력 변화를 보이면서 낙하한다는 원리를 알려주네요. 그런데 사실 이 실험에는 숨겨진 이야기가 있어요. 알려진 바로는 갈릴레이가 직접 이 실험을 했을 가능성은 거의 없다는군요. 그의 제자들이 스승이었던 갈릴레이의 이야기를 만들어냈다고 보는 게 일반적이에요.

여러분, 지금까지 잘 이해됐나요? 이제부터는 고등학교에서 배우는 내용인데요. 쓱 읽어보고 그냥 넘어가도 돼요. 이런 개념이 있구나, 정도만 알아도 됩니다.

자이로드롭이나 물 미끄럼틀을 타고 내려오는 사람의 속력은 점점 증가해요. 물론 이때 속력이 계속 증가하기만 한다면 큰일 나겠죠? 그래서 지면이나 수면에 도달하기 전에 속력이 점점 줄어들어요. 이번에는 엘리베이터의 운동을 생각해보세요. 엘리베이터는 출발하면 처음에는 속력이 일정하게 증가해요. 그러다가 잠시 후에는 일정한 속력으로 움직이고, 다시 속력이 일정하게 줄어든 후 멈추죠. 이때 시간에 따라 속력정확하게는 속도*이 변하는 것을 **가속도**라고 불러요. 그리고 앞서 배운 중력 가속도 상수는 '중력의 작용으로 생기는 가속도의 값'을 나타내며, 자유 낙하 운동은 속력이 일정하게 증가하는 **등가속도 운동**이랍니다. 실제로 등가속도 운동의 의미를 제대로 이해하고, 가속도를 계산하려면 수학적인 설명이 필요해요. 여기서는 '시간에 따라 속력이 변한다'면 '가속도가 있다'는 의미다, 정도만 알아둘게요.

함께 생각해요!

* **속력과 속도 :** 속력(speed)은 '빠르기'만 있고, 속도(velocity)는 '빠르기'와 '방향'이 모두 있는 물리량이에요. 속력은 '이동 거리'를 '시간'으로 나눈 값이고, 속도는 위치의 변화량인 '변위'를 '시간'으로 나눈 값이지요. 자동차의 빠르기를 나타내는 장치를 '속도계'라고 하는 경우가 있는데, 정확하게는 '속력계'라고 해야 해요. 속력계는 빠르기만 표시할 뿐 자동차의 방향을 나타내지는 않기 때문이에요.

아하! 심화개념

기차가 튜브 속에서 달린다고?

여러분, 기차는 어떻게 발달해왔는지 알고 있나요? 증기 기관차는 1770년에 프랑스의 군사 기술자인 니콜라 퀴뇨의 증기 마차에서 시작됐어요. 이는 일반 도로에서 달리는 것이니 자동차의 시초이기도 했죠. 이후 영국의 기술자인 리처드 트레비식이 1804년에 최초의 증기 기관차인 페니다렌호를 만들었어요. 비록 속력은 시속 9km밖에 안 됐지만요. 이후 기차의 속력은 조금씩 빨라지기 시작했고, 그러다가 1825년에 영국의 발명가인 조지 스티븐슨이 만든 로코모션호가 시속 20km로 달리면서 증기 기관차의 시대를 열었답니다.

그로부터 약 200년이 지난 오늘날의 고속 열차는 엄청나게 빨라요. 야구에서 투수가 던지는 강속구와 고속 열차 중 어느 게 더 빠를까요? 투수의 공은 잘 보이지 않지만 선로 위를 달리는 열차는 잘 보이기에, 아마도 공이 더 빠를 거라고 생각할지도 모르겠군요. 하지만 투수의 강속구는 시속 150km 정도이고, 고속 열차는 최고 시속 300km 정도로 투수의 강속구보다 거의 2배나 빠르죠. 열차가 공보다 느리게 느껴지는 건 크기가 커서 잘 보일 뿐만 아니라 멀리서 보기 때문이에요.

미래에는 훨씬 더 빠른 열차가 등장할 거라고 예상돼요. 바로 '튜브 트레인'이라는 기차예요. 튜브, 즉 관 속에서 달리는 기차가 등장한다는 겁니다. 기차가 왜 하필 튜브 속에서 달릴까요? 그 이유는 빠르게 달리기 위해서예요. 기차의 속력이 빨라질수록 공기 저항이 커져서 기차의 속력을 증가시키는 데 걸림돌이 되지요. 그래서 진공 상태의 튜브 속에서 달리는 거랍니다. 물론 안전의 이유도 있어요. 너무 빠르게 달리기 때문에 혹시라도 선로에 동물이나 물체가 있어 충돌하면 큰 사고가 생길 수 있거든요.

튜브 트레인의 또 다른 특징은 자기 부상 열차라는 거예요. 자기 부상 열차는 자기력을 이용해 열차를 공중에 뜨게 하여 달리죠. 너무 빠른 속력으로 달리다 보니 기차 바퀴와 레일을 사용하면 충격이 심할 뿐만 아니라, 마찰로 인해 속력도 많이 낼 수 없기 때문이에요. 테슬라의 최고 경영자인 일론 머스크가 계획한 '하이퍼루프'도 일종의 튜브 트레인인데, 머스크는 미국의 샌프란시스코와 로스앤젤레스 사이를 최고 시속 1,200km 정도로 달리겠다고 장담했어요. "총알같이 빠르다"라는 말이 있죠? 튜브 트레인은 결국 총알같이 빠르게 달리는 기차가 될 수도 있어요. 비행기와 경쟁할 수 있는 기차라니, 놀랍지 않나요?

일상에서 "일을 잘한다"라는 표현은 업무 능력이 뛰어나다는 뜻으로 사용하고, "에너지가 넘친다"라는 표현은 활동적인 사람을 가리킬 때 사용하죠. 하지만 과학에서는 '일'과 '에너지'라는 말을 이렇게 폭넓은 의미로 사용하지 않아요. '힘'과 마찬가지로, 과학에서는 '일'과 '에

너지'라는 용어를 정확한 정의에 의해 사용해야 한답니다. 과학에서의 일과 에너지는 어떤 특징이 있을까요?

과학에서 말하는 '일'과 '에너지'란?

과학에서는 물체에 힘이 작용해 물체가 힘의 방향으로 이동한 거리가 있을 때 물체에 **일**을 했다고 해요. 과학에서의 일^{W}은 물체에 작용한 힘의 크기^{F}와 물체가 힘의 방향으로 이동한 거리^{s}의 곱으로 정의하죠. 그래서 일의 공식은 다음과 같이 나타낼 수 있어요.

$$W = F \times s$$

일을 얼마큼 했는지 정확히 알기 위해서는 수치와 단위를 이용해 표현하는 게 좋겠죠? 일의 단위로는 J^{줄}을 사용하며, 1J은 1N의 힘으로 물체를 힘의 방향으로 1m 이동했을 때 한 일의 양이에요. 물체에 100N의 힘을 작용해 물체를 힘의 방향으로 0.1m 이동한 경우 (가)

와 물체에 10N의 힘을 작용해 물체를 힘의 방향으로 10m 이동한 경우 (나)를 생각해보죠. 각 경우에 한 일의 양을 비교하면 다음과 같아요.

- (가): $W = F \times s = 100\text{N} \times 0.1\text{m} = 10\text{J}$
- (나): $W = F \times s = 10\text{N} \times 10\text{m} = 100\text{J}$

그러니까 일의 양을 비교할 땐 작용한 힘의 크기뿐 아니라, 힘의 크기와 물체의 이동 거리를 모두 고려해야 하는군요.

또 하나 중요한 점! 과학에서는 물체에 작용한 힘과 물체가 힘의 방향으로 이동한 거리가 있어야 물체에 일을 했다고 말할 수 있지요? 따라서 물체에 작용한 힘이 없거나 물체가 힘의 방향으로 이동한 거리가 없는 경우에는 한 일의 양이 0이에요. 예를 들면 다음과 같은 경우가 그렇죠.

- 물체에 작용하는 힘이 없어서 물체가 등속 운동을 할 때(예: 에어 테이블 위에서 퍽이 이동하는 경우)
- 물체에 힘을 작용하지만 물체가 움직이지 않을 때(예: 역기를 들고 서 있는 경우)

- **물체에 작용하는 힘의 방향과 물체의 이동 방향이 서로 수직일 때(예: 평지에서 가방을 손에 들고 걸어가는 경우)**

우리는 일이라는 단어를 사람이나 기계에 사용하려는 경향이 있어요. 하지만 과학에서는 누가 일을 하든 상관없기에 지구도 일을 할 수 있지요. 지구는 지구상에 있는 물체에 중력이라는 힘을 작용하므로, 중력에 의해 물체가 떨어진 것은 '지구가 한 일'이라고 말할 수 있

답니다. 보통은 이를 '중력이 한 일'이라고 표현해요. 무게가 10N인 물체가 2m만큼 아래로 떨어졌다면 중력은 20J$^{10N \times 2m = 20J}$의 일을 한 거예요. 한편 무게가 50N인 물체를 2m 들어 올렸다면 한 일은 100J$^{50N \times 2m = 100J}$이 되는데, 이는 '중력에 대해 한 일'이라고 표현해요. '중력에 대해'라고 하는 이유는 중력과 반대 방향으로 물체를 들어 올리기 때문이죠. 두 경우 일의 양을 정리하면 다음과 같아요.

- **중력이 한 일 = 중력의 크기 × 떨어진 높이**
- **중력에 대해 한 일 = 물체의 무게 × 들어 올린 높이**

그런데 위의 두 식을 가만히 보세요. 중력이 한 일과 중력에 대해 한 일을 구할 때 서로 다른 식처럼 썼지만, 사실은 모두 일의 공식이에요. 중력이나 무게는 힘의 일종이고, 높이는 물체의 이동 거리니까요. 그래서 일과 관련된 공식은 '$W = F \times s$' 하나만 기억하면 돼요. 간단하죠?

이번에는 에너지에 대해 알아볼 차례군요. 공사장에서 말뚝을 박기 위해 무거운 추를 들어 올렸다가 놓으면 추는 말뚝을 박는 일을 할 수 있어요. 추에 일을 하면 그 추는 일을 할 수 있는 능력을 가지게 되는 거죠. 이와 같이, 일을 할 수 있는 능력을 **에너지**라고 해요. 참고로 영어 'energy에너지'는 '운동, 활동, 힘'이라는 뜻을 가진 그리스어 'ἐνέργεια에네르게이아'에서 나온 말이랍니다. 높은 곳으로 추를 들어 올리기 위해서 중력에 대해 일을 하면, 추는 자신이 일을 받은 만큼 다시 일을 할 수 있고, 이를 추가 '에너지를 가지고 있다'고 표현하는 거예요.

에너지의 단위도 일의 단위와 같은 J줄을 사용해요. 일이 에너지로, 에너지가 일로 서로 전환될 수 있으니 같은 단위를 사용하는 것은 당연하겠죠? 물체에 10J의 일을 하면, 물체는 10J의 에너지를 가지게 되어 10J의 일을 할 수 있어요. 이처럼 외부에서 물체에 일을 하면 그만큼 물체의 에너지가 증가하고, 물체가 외부에 일을 하면 그만큼 물체의 에너지가 감소하게 돼요.

높이를 가진 물체의 에너지: 중력에 의한 위치 에너지

우리는 보통 높은 곳에 무겁거나 단단한 물체를 잘 올려놓지 않아요. 혹시라도 물체가 떨어지면 다칠 수 있거든요. 절대로 창밖으로 물체를 던져서도 안 되죠. 실제로 높은 곳에서 떨어진 물체에 맞아 사람이 다치는 사고가 발생하기도 했어요. 그런데 높은 곳에 있는 물체가 떨어지면 위험한 이유는 무엇일까요?

여러분, 폭포에 가본 적이 있나요? 어느 곳이든 폭포 밑을 유심히 보면 웅덩이가 만들어져 있어요. 높은 곳에 있는 물은 아래로 떨어지면 땅을 파낼 수 있는 능력을 가지고 있기 때문이에요. 그러니까 높은 곳에 있는 물은 일을 할 수 있는 능력, 즉 에너지를 가지고 있는 거예요. 그래서 이 능력을 이용해 물레방아를 돌려서 곡식을 빻거나, 발전소의 터빈을 돌려서 전기를 생산하기도 하죠.

이처럼 중력이 작용하는 곳에서 어떤 높이에 있는 물체가 가지는 에너지를 **중력에 의한 위치 에너지**라고 해요. 위치 에너지는 퍼텐셜 에너지potential energy라고도 하지요. 중력에 의한 위치 에너지 외에 탄성력에 의한 위치 에너지도 있어요. 하지만 탄성력에 의한 위치 에너지는 있다는 것 정도만 알아두면 됩니다.*

함께 생각해요!

* **탄성력에 의한 위치 에너지 :** 앞서 배웠듯이, 고무줄이나 용수철, 활시위 등 탄성을 가진 물체에 힘을 작용하면 물체는 그만큼 탄성력을 가지게 돼요. 이때 탄성체가 원래의 모양으로 되돌아가려는 탄성력에 의해 일을 할 수 있는데, 이를 '탄성력에 의한 위치 에너지'라고 해요. 활시위를 많이 당길수록 탄성력에 의한 위치 에너지가 커지므로 화살이 더 멀리 날아가죠.

다시 공사장에서 무거운 추로 말뚝을 박는 과정을 떠올려볼게요. 말뚝을 박을 때는 추의 질량이 클수록 말뚝을 더 깊게 박을 수 있어요. 물체의 질량이 클수록 위치 에너지의 크기가 증가하기 때문이에요. 즉, 물체의 위치 에너지는 물체의 질량에 비례해요.

위치 에너지 $\propto$ 질량

또한 추를 더 높은 위치에서 떨어뜨릴수록 말뚝은 더 깊게 박혀요. 물체의 높이가 높을수록 위치 에너지의 크기가 증가하기 때문이에요. 즉, 물체의 위치 에너지는 물체의 높이에 비례해요.

위치 에너지 $\propto$ 높이

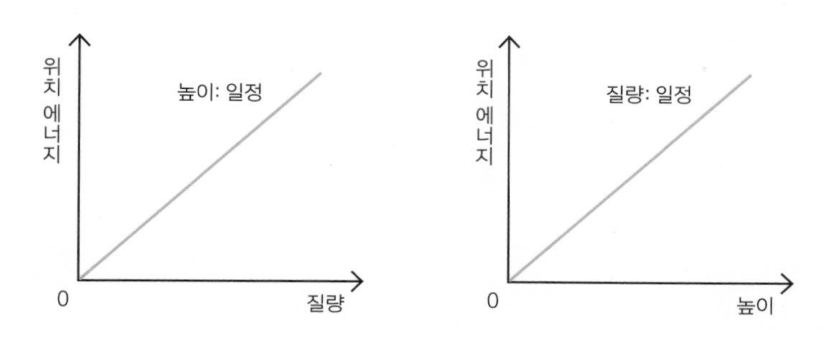

▲ 중력에 의한 위치 에너지와 물체의 질량 및 높이의 관계

그리고 물체의 질량을 m(kg), 물체의 높이를 h(m)라고 하면, 물체가 가지는 중력에 의한 위치 에너지 E_p(J)는 다음과 같아요.

$$E_p = 9.8mh$$

따라서 질량이 5kg인 물체가 지면으로부터 2m 높이에 있다면, 그 물체가 가지는 중력에 의한 위치 에너지의 크기는 다음과 같지요.

$$E_p = 9.8mh = 9.8 \times 5 \times 2 = 98(\mathrm{J})$$

이때 위치 에너지를 E_p라고 하는 것은 퍼텐셜 에너지를 의미하기 때문이에요. 중학교에서는 에너지의 이니셜인 E로 표기하지만, 고등학교에서는 E_p라고 하니까 기억해두면 좋겠죠?

여러분, 잠시 중요한 이야기를 할게요. 위의 공식처럼 몇 개의 기호를 사용하면 물리량 사이의 관계를 간단하게 표현할 수 있는데요. 과학을 어려워하는 이유가 공식을 암기하는 게 힘들기 때문이라고 말하는 친구들도 있어요. 여러분도 그런가요? 물론 기호를 외워야 한다는 게 부담스러울 수 있죠. 하지만 중학교 과정 전체를 통틀어 공식은 손가락으로 꼽을 정도이니 너무 겁먹진 말자고요!

자, 다시 위치 에너지 이야기로 돌아올까요. 그런데 여기서 꼭 알아야 할 점이 있어요. 중력에 의한 위치 에너지는 기준면에 따라 그 값이 달라진다는 거예요. 1m 높이의 책상이 있다고 가정해볼게요. 책상 위에 있는 책은 책상 윗면을 기준면으로 하면, 위치 에너지가 0이에요. 책상 위에 있으니 책의 높이가 0이기 때문이죠. 하지만 교실 바닥을 기준면으로 하면, 책이 1m 높이에 있기 때문에 책이 가지고 있는 위치 에너지는 0이 아닙니다.

책상 위의 책이 위치 에너지를 가지고 있는지 알고 싶다면, 책을 밀어서 자신의 발등에 떨어졌을 때 아픔을 느끼는지 확인하면 돼요. 하지만 위치 에너지를 확인하기 위해 이런 행동을 할 친구는 없겠죠? 그냥 바닥에 책이 떨어지면서 큰 소리가 나는지 확인해보면 될 테니까요. 책이 바닥에 떨어져서 충돌할 때 진동이 발생하고, 이 진동이 주위로 퍼져 나가는 것이 바로 소리거든요. 그러니까 책이 가진 위치 에너지는 책과 바닥을 진동시키는 일을 할 수 있지요. 또한 책과 바닥이 충돌할 때 생긴 마찰로 인해 책이 가진 위치 에너지의 일부는 열에너지로 전환돼요. 물론 그 양이 매우 적어 온도 변화를 측정하기는 어렵지만요.

운동하는 물체의 에너지: 운동 에너지

학교 앞이나 복잡한 곳에서는 자전거나 자동차를 빠르게 운전하면 안 돼요. 여러분도 빨리 달리면 사람들이나 자동차와 부딪힐 가능성이 커지므로 조심해야 하고요. 그래서 안전을 위해 학교 앞에 스쿨존을 만들고, 길에서는 뛰어다니지 말라고 주의를 주는 거예요. 그런데 움직이는 물체와 충돌하면 왜 위험할까요?

굴러가는 볼링공은 볼링핀을 넘어뜨리고, 야구에서 타자가 휘두른 배트에 공이 충돌하면 공은 멀리까지 날아가요. 아하, 운동하는 볼링공과 배트는 다른 물체에 일을 할 수 있는 능력을 가지고 있군요. 이처럼 운동하는 물체가 가지는 에너지를 **운동 에너지**라고 해요.

여러분, 실내에서 구슬을 굴리면서 놀기는 해도 볼링공을 굴리며 놀지는 않죠? 볼링공은 질량이 커서, 굴러오는 볼링공에 부딪히면 물건이 부서지거나 사람이 다칠 수 있잖아요. 또한 공 주고받기 놀이를 할 때는 친구에게 공을 천천히 던져야 해요. 빠른 속력으로 날아가는 공에 친구나 주변에 있는 사람들이 맞으면 안 되니까요. 이렇게 물체가 가지는 운동 에너지는 물체의 질량 및 속력과 관련이 있어요.

움직이는 수레를 정지해 있는 나무 도막과 충돌시키는 실험을 해 보면 운동하는 물체의 질량과 속력에 따른 운동 에너지의 변화를 알 수 있어요. 이때 수레의 질량이 2배, 3배, 4배 … 증가하면 나무 도막이 밀려난 거리도 2배, 3배, 4배 … 증가하죠. 즉, 물체의 운동 에너지는 물체의 질량에 비례해요.

운동 에너지 $\propto$ 질량

그리고 수레의 속력이 2배, 3배, 4배 … 증가하면 나무 도막이 밀려난 거리는 4배, 9배, 16배 … 증가하죠. 즉, 물체의 운동 에너지는 '물체의 속력의 제곱'에 비례해요. 제곱은 같은 수를 한 번 더 곱한다는 의미예요.

운동 에너지 $\propto$ 속력^2

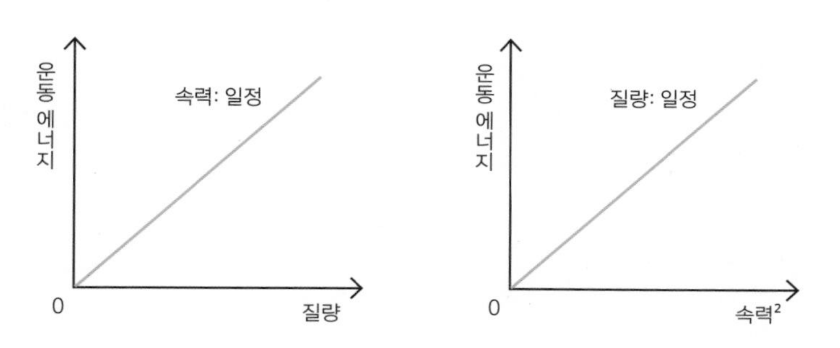

▲ 운동 에너지와 물체의 질량 및 속력의 관계

그리고 물체의 질량을 m(kg), 속력을 v(m/s)라고 하면, 물체가 가지는 운동 에너지 E_k(J)는 다음과 같아요.

$$E_k = \frac{1}{2}mv^2$$

이때 E_k는 운동 에너지kinetic energy라는 단어에서 따온 거예요. 중학교에서는 운동 에너지를 E라고 표기하지만, 고등학교에서는 E_k라고 하죠.

그렇다면 질량이 10kg인 수레가 4m/s의 속력으로 움직이는 경우 (가)와 질량이 5kg인 수레가 8m/s의 속력으로 움직이는 경우 (나) 중 운동 에너지가 더 큰 수레는 무엇일까요? 맞아요. (가)보다 (나)의 경우에 수레의 운동 에너지가 2배 큽니다.

- (가) : $E_k = \frac{1}{2}mv^2 = \frac{1}{2} \times 10 \times 4^2 = 80(\text{J})$
- (나) : $E_k = \frac{1}{2}mv^2 = \frac{1}{2} \times 5 \times 8^2 = 160(\text{J})$

위치 에너지 + 운동 에너지 = 역학적 에너지

바람을 가르며 빠르게 달리는 롤러코스터는 정말 짜릿하고 재미있어요. 그런데 신기하게도 롤러코스터에는 엔진이 없다는군요. 롤러코스터는 어떻게 엔진 없이도 빠르게 움직일 수 있을까요? 놀이공원에서 인기가 많은 놀이 기구로는 바이킹도 있죠. 바이킹을 타면 양쪽 끝으로 올라간 순간 정지했다가 점점 빠른 속력으로 내려오고, 가장 아래인 가운데에 왔을 때 속력이 가장 빨라요. 왜 그럴까요? 이 두 놀이 기구에는 재미있는 과학 원리가 숨어 있답니다.

여러분, 역학적 에너지라는 말을 들어본 적이 있나요? **역학적 에너지**는 '물체가 가지는 중력에 의한 위치 에너지와 운동 에너지의 합'이에요.

역학적 에너지 = 중력에 의한 위치 에너지 + 운동 에너지

다음 그림을 보면서 역학적 에너지에 대해 조금 더 알아볼게요. 그림에서 스파이더맨은 바이킹과 같은 궤도또는 그네와 같은 궤도를 그리며

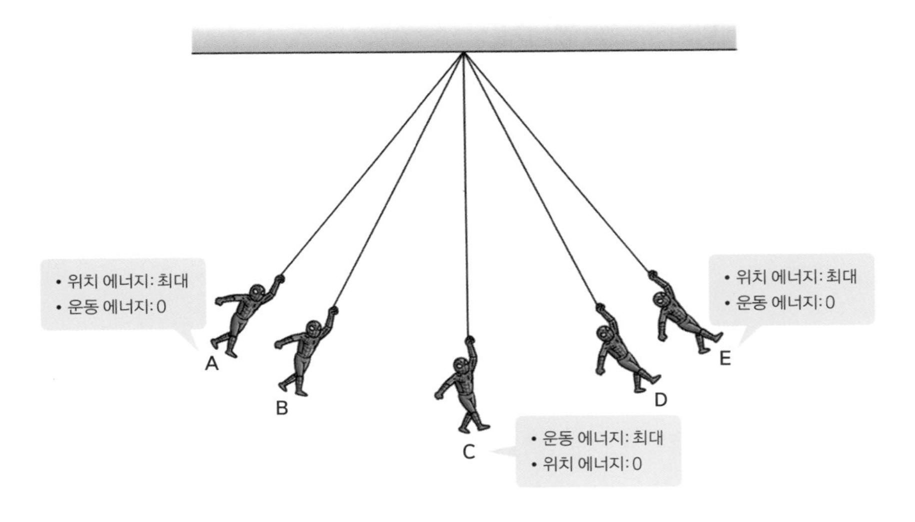

▲ 왕복 운동에서 역학적 에너지 전환(기준면: C 지점)

움직이고 있어요. 그러니까 스파이더맨은 가장 높은 곳으로 올라간 순간 정지했다가, 아래로 내려오면서 속력이 점점 빨라져요. 그리고 가장 낮은 곳에서 속력이 가장 빠르며, 이 지점을 지나 올라가면서 속력이 느려지죠. 그러다가 다시 가장 높은 곳까지 올라가면 정지했다가 아래로 내려오는 거예요.

그럼 A~E 지점에서의 역학적 에너지는 어떻게 구할까요? 중력에 의한 위치 에너지의 기준면이 C 지점이라면, 스파이더맨이 A와 E 지점에 있을 때 역학적 에너지는 위치 에너지밖에 없어요. 순간 정지해 있으므로속력이 0이므로 운동 에너지가 0이기 때문이에요. 그리고 스파이더맨이 C 지점에 있을 때는 역학적 에너지가 운동 에너지밖에 없지요. 기준면에서는 위치 에너지가 0이기 때문이에요. B와 D 지점에서는 어떨까요? 맞아요. 스파이더맨은 기준면보다 높은 곳에서 움직이고 있으므로, 위치 에너지와 운동 에너지를 모두 가지고 있어요. 그리고 이 두 에너지의 합이 B와 D 지점에서 스파이더맨이 가지는 역학적 에너지랍니다.

한편 스파이더맨이 A → B → C로 내려오는 동안에는 높이가 낮아져 위치 에너지가 감소하고, 속력이 빨라져 운동 에너지가 증가해요. 이때 위치 에너지가 감소한 만큼 운동 에너지가 증가하죠. 즉, 감소한 위치 에너지가 운동 에너지로 전환된 거예요. 그리고 C → D → E로 올라가는 동안에는 높이가 높아져 위치 에너지가 증가하고 속력이 느려져 운동 에너지가 감소해요. 이때 운동 에너지가 감소한 만큼 위치 에너지가 증가해요. 즉, 감소한 운동 에너지가 위치 에너지로 전환된 거예요. 이렇게 물체의 높이가 변할 때 위치 에너지가 운동 에너지로, 또는 운동 에너지가 위치 에너지로 전환되는 것을 **역학적 에너지 전환**이라고 해요.

엔진이 없는 롤러코스터를 신나게 탈 수 있는 이유도 바로 위치 에너지가 운동 에너지로, 운동 에너지가 위치 에너지로 전환되기 때문이에요. 아래 그림을 보세요. A~D 지점 중 롤러코스터가 A에 있을 때는 위치 에너지가 최대이고, 운동 에너지는 최소예요. 그리고 A → B → C로 내려오는 동안에는 위치 에너지는 감소하고 운동 에너지는 증가하죠. 감소한 위치 에너지가 운동 에너지로 전환된 거예요. C에서는 높이가 가장 낮으므로 위치 에너지는 최소이고 운동 에너지

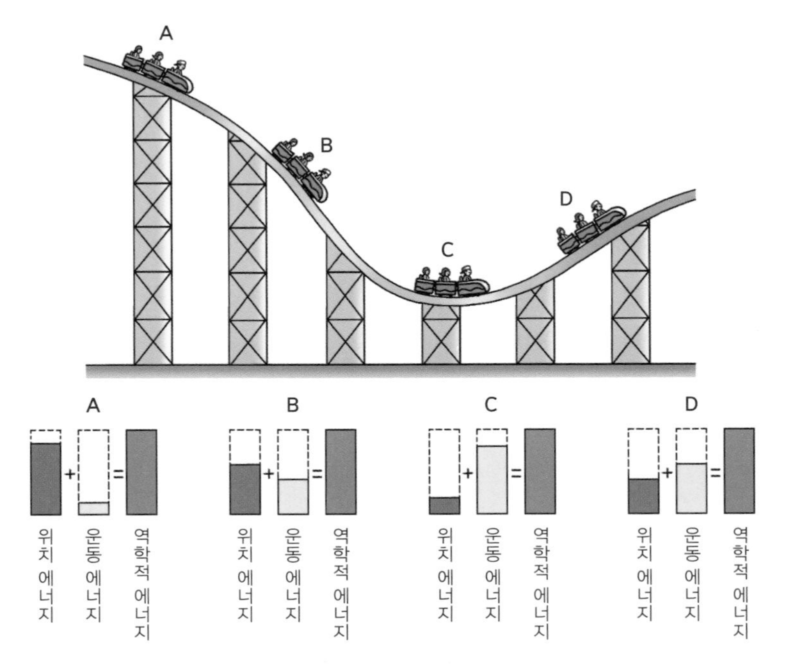

▲ 롤러코스터의 역학적 에너지 전환(공기 저항이나 마찰이 없을 때)

롤러코스터는 높이가 변할 때 위치 에너지와 운동 에너지가 서로 전환되지만, 역학적 에너지는 모든 높이에서 같다.

는 최대예요. 그리고 C → D로 올라가는 동안에는 위치 에너지는 증가하고 운동 에너지는 감소하죠. 감소한 운동 에너지가 위치 에너지로 전환된 거예요. 그러니까 위치 에너지와 운동 에너지가 서로 전환되면서 롤러코스터는 계속 움직일 수 있어요. 이때 공기 저항이나 마찰이 없다면 A~D 지점에서의 위치 에너지와 운동 에너지의 합, 즉 역학적 에너지는 서로 같아요. 그래서 역학적 에너지는 다음과 같이 표현할 수 있어요. 이때 위치 에너지$_A$, 운동 에너지$_A$는 각각 A 지점에서의 위치 에너지, A 지점에서의 운동 에너지를 의미해요.

역학적 에너지 = 위치 에너지$_A$ + 운동 에너지$_A$ = 위치 에너지$_B$ + 운동 에너지$_B$ = … = 일정

이렇게 공기 저항이나 마찰이 없을 때 물체가 운동하는 동안 역학적 에너지의 크기가 항상 일정하게 보존되는 것을 **역학적 에너지 보존 법칙**이라고 합니다. 그런데 역학적 에너지가 보존되기 위해서는 왜 공기 저항이나 마찰이 없어야 할까요? 우리가 그네를 타다 보면 서서히 속력이 줄어들다가 결국에는 멈춰요. 만일 위치 에너지와 운동 에너지의 전환이 100퍼센트 일어난다면 그네는 계속 움직이겠죠? 하지만 실제로는 그네에 작용하는 공기 저항과 그넷줄과 그네의 가로대 사이의 마찰 등에 의해 역학적 에너지의 일부가 열에너지로 전환돼요. 그래서 역학적 에너지가 열에너지로 전환된 만큼 계속 힘을 작용해야, 즉 그네에 일을 해줘야 역학적 에너지가 일정한 값으로 보존될 수 있어요. 쉽게 말해, 그네를 계속 타기 위해서는 그넷줄을 당겨 힘을 주거나 누군가가 그네를 밀어줘야 하죠.

형태는 바뀌지만
총량은 일정한 에너지

여러분, 너무 배가 고프면 아무것도 할 수 없지요? 우리는 음식물을 먹어야 말하거나 움직일 수 있고, 공부를 할 수 있고, 체온을 적당하게 유지할 수 있어요. 음식물이 살아가는 데 필요한 에너지의 근원이기 때문이에요. 마찬가지로 자동차는 연료가 있어야 운행할 수 있고, 휴대폰은 충전을 해야 작동하죠. 그런데 우리가 먹는 음식이나 자동차 연료, 휴대폰 배터리는 각각 어떻게 사람을 움직이게 하고 자동차나 휴대폰을 작동하게 할까요?

우리는 이미 위치 에너지와 운동 에너지를 배웠고, 이 에너지들이 서로 전환된다는 것을 알고 있어요. 그런데 에너지의 형태에는 이 두 에너지 외에도 다양한 것들이 있답니다. 또한 우리가 음식물을 통해 얻은 에너지가 생활하는 동안 다른 형태로 바뀌듯이, 우리 주변에서는 **에너지 전환**의 예를 많이 볼 수 있어요.

잠깐! 초등개념

다른 형태로 바뀌는 에너지

기계가 작동하거나 생물이 살아가는 데는 에너지가 필요해요. 기계는 전기나 연료, 식물은 광합성, 동물은 음식물을 통해 에너지를 얻지요.

에너지의 형태는 여러 가지예요. 그중 위치 에너지는 중력이 작용하는 곳에서 높은 위치에 있는 물체가 가지는 에너지이고, 운동 에너지는 움직이는 물체가 가지는 에너지예요. 열에너지는 물체의 온도를 높이고, 전기에너지는 전기 기구를 작동하며, 빛에너지는 주위를 밝게 비춰주죠. 그리고 화학 에너지는 물질이 가지고 있는 에너지로, 생명 활동이나 기계 작동을 가능하게 한답니다.

에너지는 다른 에너지로 형태가 바뀔 수 있는데, 이를 '에너지 전환'이라고 해요. 롤러코스터를 예로 들면, 전기 에너지가 위치 에너지와 운동 에너지로 전환돼요. 열기구가 떠오를 때는 화학 에너지가 열에너지, 운동 에너지, 위치 에너지의 순으로 전환되죠. 식물이 광합성을 하면 태양의 빛에너지가 화학 에너지로 전환돼요. 그러고 보니 우리가 밥을 먹으면 태양 에너지를 섭취하는 거네요! 태양의 빛에너지가 밥 속의 화학 에너지로 저장되고, 밥을 먹은 후 운동을 한다면 운동 에너지로 전환되는 거예요.

휴대폰 배터리에는 **화학 에너지**가 저장되어 있어요. 즉, 배터리를 충전한다는 것은 배터리 내부에 화학 에너지를 저장한다는 뜻이죠. 배터리에 저장된 화학 에너지는 휴대폰을 작동하는 **전기 에너지**로 전환될 수 있어요. 이 현상을 방전이라고 해요. 배터리가 방전될 때 전기 에너지를 내보내는 거예요. 우리가 사용하는 전기 기구들은 모두 전기 에너지를 필요로 합니다. 선풍기는 전기 에너지가 운동 에너지로, 전기솥은 전기 에너지가 **열에너지**로 전환되는 것을 이용한 전기 기구예요.

우리가 먹는 음식이나 자동차 연료로 사용하는 휘발유에도 화학 에너지가 저장되어 있고, 가스레인지와 보일러를 작동할 때 사용하는 도시가스나 캠핑할 때 사용하는 장작에도 화학 에너지가 저장되어 있어요. 그리고 도시가스나 장작을 태우면 열에너지가 나와요. 참고로 열에너지는 온도가 높은 물체에서 낮은 물체로 이동하는 특성이 있어요.

전기 에너지를 이용해 전등을 켜면 빛이 나와요. 태양에서도 지구로 빛이 오죠. 이 빛을 **빛에너지**라고 해요. 식물은 빛에너지 등을 이용해 광합성을 함으로써 양분을 만들어요. 그러니까 광합성 결과 빛에너지가 화학 에너지로 전환되죠. 그리고 동물은 식물의 양분 안에 저장된 화학 에너지를 이용해 살아가요. 식물이 광합성을 통해 화학 에너지를 만들어야, 그 식물을 먹는 1차 소비자와 1차 소비자를 먹는 2차 소비자가 살아갈 수 있지요.

소리는 물체의 진동이 주위로 퍼져 나가는 것으로, 소리가 가지는 에너지를 **소리 에너지**라고 해요. 소리 에너지가 우리의 고막을 진동시켜 소리를 듣게 되죠. 단, 소리 에너지는 공기와 같이, 이를 전달해 주는 매질이 있어야 전달이 가능해요. 스피커는 전기 에너지가 소리 에너지로 전환되는 것을 이용한 장치예요.

이처럼 위치 에너지와 운동 에너지가 서로 전환되듯이, 다른 에너지들도 서로 전환됩니다.

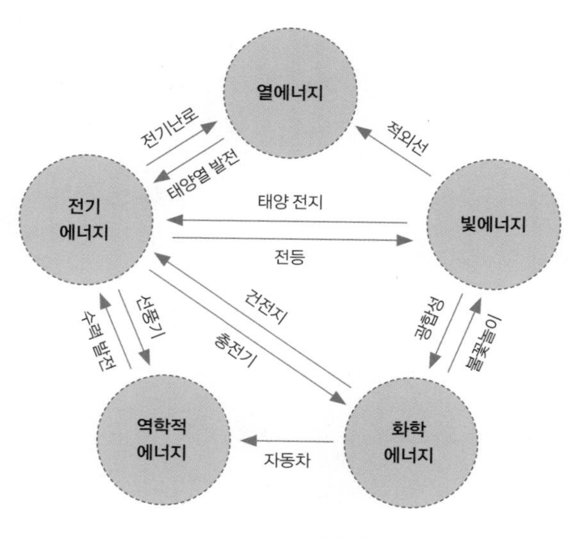

▲ 에너지 전환의 예

간단한 일을 복잡하게 해내는 '골드버그 장치'도 에너지 전환을 이용한 예죠. 이 장치는 미국의 만화가인 루브 골드버그가 생각해냈는데, 지금도 많은 사람들이 기발한 아이디어로 골드버그 장치를 만들고 있어요. 예를 들어, 잔에 커피를 따르는 간단한 일인데도 10여 가지의 연결된 단계를 거치도록 설계하는 거예요. 맨 먼저 도미노를 쓰러뜨리면, 넘어진 도미노가 공을 굴리고, 공이 굴러가다가 떨어져 지레를 누르는 등 많은 단계를 거쳐야 비로소 잔에 커피를 따를 수 있죠. 그리고 이 과정에서 계속 에너지 전환이 일어나요. 언뜻 보면 정말 필요 없는 일을 하는 장치라는 생각이 들 수 있어요. 보통은 간단한 일을 복잡한 과정으로 하지는 않을 테니까요. 하지만 골드버그 장치는 창의적인 아이디어를 얻을 수 있는 방법이기도 해요. 주어진 문제를 해결하기 위해 기존의 틀을 깨는 발상의 전환이 필요한 경우가 종종 있지요? 여러분도 다양한 골드버그 장치를 상상하면서 창의력을 키워보세요. 무척 재미있을 거예요.

에너지가 전환될 때는 에너지의 형태는 변하지만, 에너지가 새로 생겨나거나 사라지지 않고 에너지의 총량은 항상 일정해요. 이를 **에너지 보존 법칙**이라고 합니다. 그런데 역학적 에너지 보존 법칙이 성립하려면 공기 저항이나 마찰이 없어야 한다는 이야기, 기억나죠? 공기 저항이나 마찰이 있으면 역학적 에너지의 일부가 열에너지로 전환되므로 역학적 에너지가 보존되지 않기 때문이에요. 하지만 에너지 보존 법칙은 공기 저항이나 마찰이 있어도 항상 성립해요. 역학적 에너지 중 열에너지로 전환된 양을 고려하면 에너지의 총량은 보존되거든요.

이쯤에서 여러분은 이런 의문이 들지도 모르겠군요.

"에너지가 보존된다면 굳이 에너지를 아낄 필요가 없지 않나요? 집으로 1,000J의 전기 에너지가 공급됐다면, 이 에너지는 빛에너지 200J, 운동 에너지 300J, 열에너지 500J 등으로 전환되겠죠? 그런데 에너지의 형태는 바뀌었지만 에너지의 총량은 1,000J로 보존되잖아요."

물론 이때 에너지의 총량은 보존돼요. 그런데도 에너지를 아껴야 하는 이유는 우리가 사용할 수 있는 쓸모 있는 에너지의 양이 줄어들기 때문이에요. 전기 에너지가 전환된 빛에너지나 운동 에너지, 열에너지는 우리가 원하는 형태의 에너지로 바로 전환해 사용하기 어려워요. 그래서 에너지를 아껴야 하는 거랍니다.

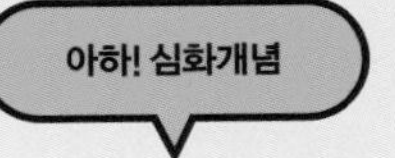

미래의 자동차는 무엇으로 달리게 될까?

최초의 자동차는 증기 기관을 사용해, 즉 석탄을 태울 때 나오는 열에너지를 사용해 움직였어요. 그런데 증기 기관은 덩치가 커서 기차에는 유용했지만 자동차에는 적합하지 않았어요. 증기 기관은 엔진 밖에서 연료를 연소시키는 외연 기관이기 때문이에요. 고전 영화에는 증기 기관차의 화실에 석탄을 넣어 불을 지피는 모습이 나오기도 하죠.

증기 기관과 달리, 엔진 내부에서 연료를 연소시키는 내연 기관은 크기는 작지만 큰 힘을 낼 수 있어 자동차 엔진으로 안성맞춤이었어요. 그래서 19세기 말에는 증기 자동차와 전기 자동차가 도로를 달리고 있었지만, 뒤늦게 나타난 내연 기관 자동차에 밀려나고 말았지요. 그런데 전기 자동차가 이미 19세기 말에 발명되었다니 놀랍지 않나요?

최근에는 가솔린 엔진이나 디젤 엔진 같은 내연 기관에 밀려났던 전기 자동차가 인기를 끌고 있어요. 매장량에 한계가 있고 환경 오염을 유발하는 내연 기관을 멀리해야 할 때가 온 거죠. 이를 위한 대표적인 두 가지 방법 중 하나는 배터리로 움직이는 전기 자동차이고, 다른 하나는 연료를 이용해 전기를 생산하는 연료 전지 자동차예요. 두 자동차 모두 전기로 모터를 작동해서 운동 에너지를 얻지요. 단지 배터리로 움직이는 전기 자동차는 전기 에너지를 사용해 배터리를 충전하고, 연료 전지 자동차는 수소 같은 연료를 사용해 전기를 얻는다는 점이 다르답니다.

전기 자동차는 배터리를 충전할 때 전기 에너지가 화학 에너지로 전환돼요. 그리고 자동차가 달릴 때는 이 화학 에너지가 전기 에너지로 전환되죠. 그런데 달리던 자동차가 멈출 때, 내연 기관 자동차는 브레이크를 밟으면 운동 에너지가 열에너지로 전환되어 사용할 수 없지만, 전기 자동차는 운동 에너지가 다시 배터리에 화학 에너지로 저장되어 에너지를 아낄 수 있어요.

수소 연료 전지 자동차는 연료로 수소를 사용해요. 수소와 공기 중의 산소가 반응할 때 생긴 전기로 모터를 작동하죠. 물을 전기 분해하면 수소와 산소가 생기는데, 이를 위해서는 물에 전기 에너지를 공급해야 해요. 하지만 반대로, 수소와 산소를 반응시키면 전기 에너지를 얻을 수 있어요. 놀라운 점은 수소 연료 전지 자동차는 배기구로 순수한 물밖에 나오지 않는다는 거예요.

배터리를 이용한 전기차와 수소 연료 전지를 이용한 수소차 중 지금은 배터리로 움직이는 전기차가 조금 더 많이 연구·판매되고 있어요. 하지만 수소차도 나름의 장점을 가지고 있으니 누가 미래의 주인공이 될지 아직 확실하지 않죠. 여러분은 미래에 어떤 차를 타고 싶나요?

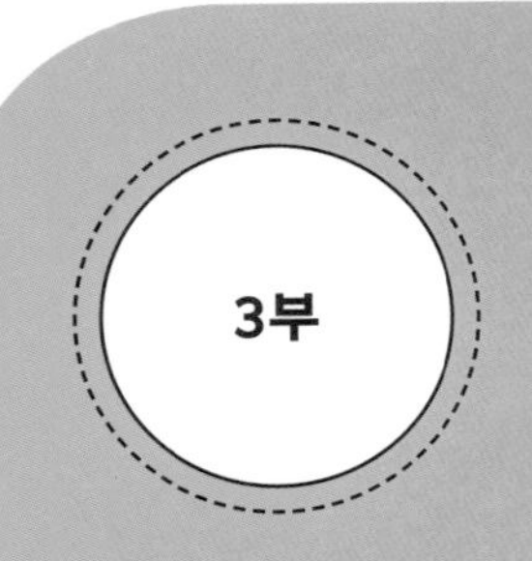
3부

전기와 자기는 서로 어떤 관련이 있을까

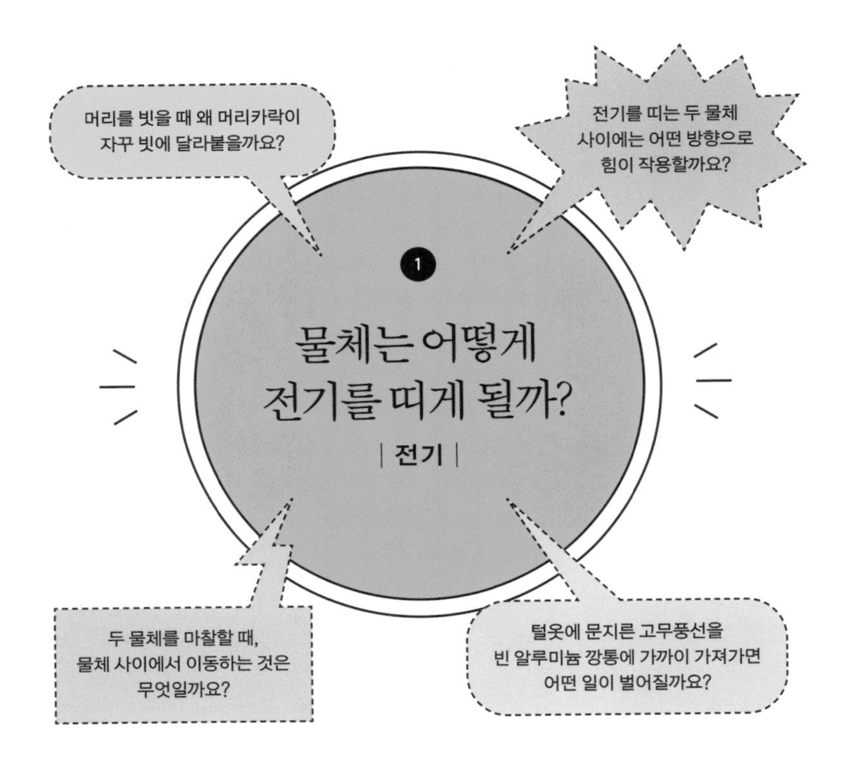

겨울철에 스웨터를 벗다 보면 다른 옷에 달라붙기도 하고, 심하면 탁탁 소리가 나면서 불꽃이 튀기도 해요. 차 문 손잡이를 잡다가 찌릿한 느낌에 깜짝 놀라기도 하고요. 이는 모두 정전기에 의한 현상인데, 간혹 정전기 불꽃 때문에 주유소에서 화재가 발생하는 일도 생기죠. 정

앗, 따가워!
마찰 전기의 발생

여러분, 전기는 전선 속에만 있을까요? 사실 전기 현상을 이용하는 것은 전기 기구만이 아니에요. 음식을 포장할 때 사용하는 랩도 전기를 이용한 용품이죠. 전선을 연결하거나 건전지를 사용하는 것도 아닌데 랩이 전기를 이용한다니, 신기하지 않나요? 랩을 뗄 때 랩이 정전기를 띠게 되어 그릇이나 손에 자꾸 붙으려고 하는 거예요. **정전기**는 이동하지 않고 머물러 있는 전기라는 뜻이에요.

서로 다른 물체 사이의 마찰에 의해 발생하는 전기를 **마찰 전기**라고 해요. 마찰 전기도 정전기의 일종이지요. 고무풍선을 털옷에 문지른 후 종이에 갖다 대면 종이가 고무풍선에 달라붙는 현상도 정전기 때문에 일어나요. 이 외에도 정전기 현상은 일상생활에서 어렵지 않게 볼 수 있어요. 머리를 빗을 때 머리카락이 빗에 달라붙거나, 카펫 위를 걸어가다가 방문 손잡이를 잡는 순간 찌릿하며 놀라는 이유도 정전기 때문이죠. 또한 공기청정기 중에는 정전기를 이용해 공기 속

의 먼지를 제거하는 방식도 있고, 복사기나 잉크젯프린터도 정전기를 이용해 종이에 탄소 가루나 잉크를 뿌려요. 자동차에 색을 입히는 도색 작업을 할 때도 정전기를 이용한답니다.

마찰 전기가 발생할 때처럼, 전기를 띠지 않던 물체가 전기를 띠는 현상을 **대전**이라 하고, 대전된 물체를 **대전체**라고 해요. 그리고 대전체, 즉 전기를 띤 물체 사이에 작용하는 힘을 **전기력**이라고 해요. 같은 종류의 전하를 띤 물체 사이에는 서로 밀어내는 힘척력이 작용

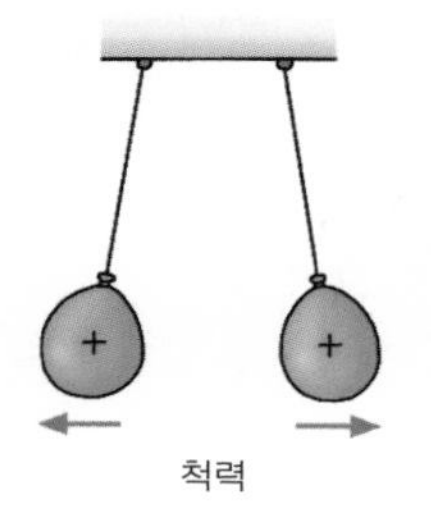

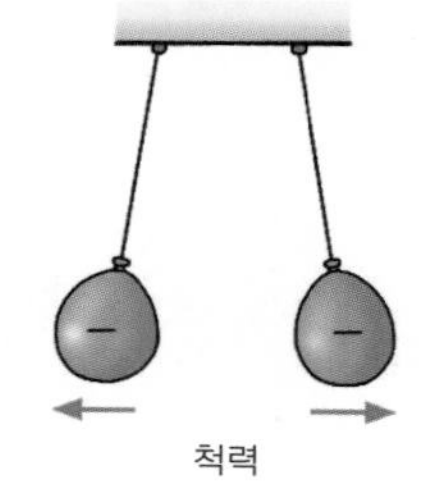

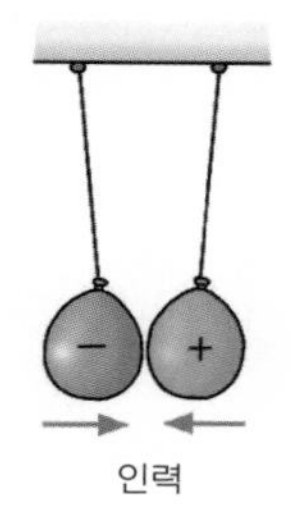

▲ 대전체 사이에 작용하는 전기력

하고, 다른 종류의 전하를 띤 물체 사이에는 서로 끌어당기는 힘인력이 작용하지요.

물체가 전기를 띠는 것은 전하 때문으로, 다시 말해 **전하**는 전기 현상을 일으키는 원인이에요. 전하에는 (+)전하와 (-)전하, 두 종류가 있어요. 전기력은 물체가 띠는 전하의 양이 많을수록, 대전체 사이의 거리가 가까울수록 더 커요.

이제 서로 다른 두 물체를 마찰하면 왜 전기가 생기는지 본격적으로 알아볼게요. 그런데 마찰 전기를 이해하기 위해서는 우선 물질을 구성하는 기본 입자인 원자의 구조부터 알아야 해요. 원자는 원자핵과 전자로 이뤄지며, 원자핵은 (+)전하를, 전자는 (-)전하를 띠어요. 원자는 원자핵의 (+)전하의 양과 전자의 (-)전하의 양이 같아서, 원자 전체적으로는 전하를 띠지 않아요. 즉, 원자는 전기적으로 중성이죠.

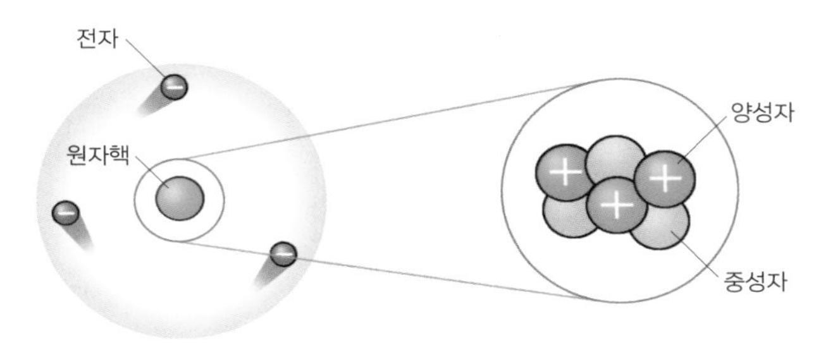

▲ 원자의 구조

원자는 원자핵과 전자로 이뤄지며, 원자핵은 (+)전하를 띠는 양성자와 전하를 띠지 않는 중성자로 구성된다.

그런데 두 물체를 서로 문지르면 한 물체에서 다른 물체로 전자가 이동해요. 그 결과 전자를 잃은 물체는 (+)전하가 더 많고, 전자를 얻은 물체는 (-)전하가 더 많죠. 따라서 전자를 잃은 물체는 (+)전하로 대전되고, 전자를 얻은 물체는 (-)전하로 대전됩니다.*

함께 생각해요!

* **정전기 불꽃의 정체 :** 정전기의 불꽃은 일종의 방전 현상이에요. 공기는 전기가 잘 전달되지 않는 절연체지만, 한 물체에 전하가 많이 쌓여 주변의 다른 물체와 전하량 차이가 커지면 공기 중으로 (-)전하가 방출되면서 전기가 흘러요. 이 방전 시 불꽃을 내면 불꽃방전이라고 하죠. 마찰 전기가 발생할 때도 물체에 전하가 많이 쌓인 상태에서 다른 물체가 가까이 오면 (-)전하를 띤 전자들이 이끌려 나가면서 불꽃이 일어나는 거예요.

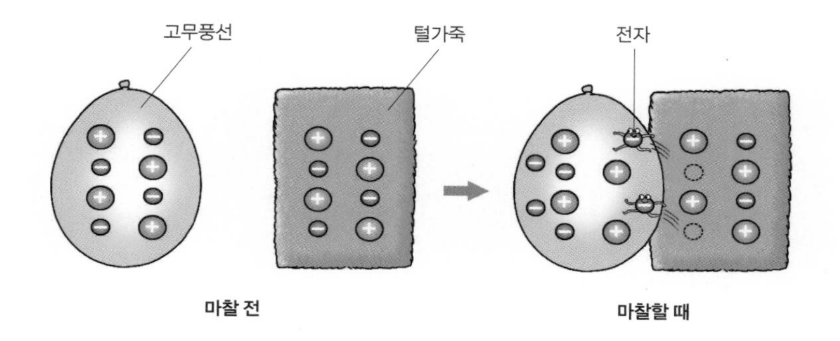

▲ 마찰에 의한 전자의 이동

원자를 이루는 양성자와 중성자는 서로 단단히 결합해 이동할 수 없고, 원자핵 주변의 전자만 이동할 수 있다.

물체를 마찰할 때 전자를 끌어당기는 정도는 물질마다 달라요. 전자를 잃기 쉬운 물질도 있고, 반대로 전자를 얻기 쉬운 물질도 있지요. 물질의 이런 성질을 순서대로 나열한 것을 **대전열**이라고 해요.

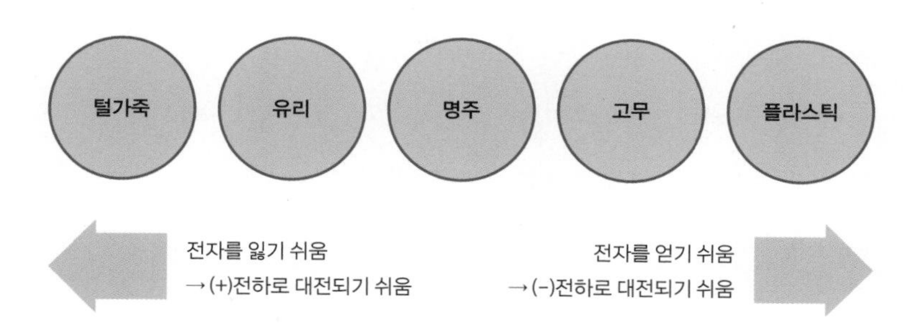

▲ 물질의 대전열

그럼 대전열을 참고할 때, 유리와 명주를 마찰하면 어느 쪽이 (+)전하를 띨까요? 그렇죠. 유리가 명주보다 전자를 잃기 쉬우므로, 유리는 (+)전하를 띠고 명주는 (-)전하를 띠게 돼요. 이번에는 명주와 고무를 마찰한 결과를 예상해볼까요? 예, 맞아요. 명주가 고무보다 전자를 잃기 쉬우므로, 명주는 (+)전하를 띠고 고무는 (-)전하를 띠게 됩니다.

끌려오는 깡통의 비밀

전기를 띠지 않은 금속 물체에 대전체를 가까이 가져가면 어떤 일이 벌어질까요? 마찰이 일어나지 않았으므로 아무 일도 생기지 않을까요? 이는 간단한 실험을 통해 확인할 수 있으니, 여러분도 집에서 한번 해보세요.

실험을 위해, 먼저 알루미늄 깡통에 든 음료수를 다 마셔요. 그런 후 털옷에 문지른 고무풍선을 이 깡통에 가까이 가져가는 거예요. 이때 깡통은 어떻게 될까요? 신기하게도 알루미늄 깡통이 고무풍선 쪽으로 스르륵 끌려와요. 알루미늄 깡통은 문지르지 않았으니 대전체도 아닌데 말이죠. 이 현상은 정전기 유도 때문에 나타난답니다.

정전기 유도란 전기를 띠지 않은 금속에 대전체를 가까이 할 때 금속에서 대전체와 가까운 쪽은 대전체와 다른 종류의 전하를 띠고, 대전체와 먼 쪽은 대전체와 같은 종류의 전하를 띠는 현상을 말해요. 금속에는 자유롭게 이동할 수 있는 전자자유 전자*가 많은데, 대전체가 금속 가까이 오면 전기력으로 인해 자유 전자가 이동하면서 정전기 유도 현상이 나타나지요.

다음 그림을 보세요. (-)전하로 대전된 물체를 금속에 가까이 가져갔더니 금속 내부에서 어떤 변화가 일어났나요? 그래요. 금속의 자유 전자들은 대전체의 (-)전하와 서로 밀어내는 힘이 작용해 대전체에서 먼 쪽으로 이동했어요. 이때 대전체를 가까이 가져가도 (+)전하를 띠는 원자핵은 움직이지 않는다는 사실도 꼭 기억해두세요. 그 결과 금속에서 대전체와 가까운 쪽은 (+)전하를 띠게 되고, 대전체와 먼 쪽은 (-)전하를 띠게 되는 거예요.

함께 생각해요!

* **자유 전자 :** 원자를 이루는 원자핵과 전자 사이에는 서로 끌어당기는 힘이 작용하므로, 전자는 원자핵에 속박되어 그 주변에서 돌고 있어요. 하지만 금속에는 원자핵의 속박에서 벗어나 자유롭게 원자 사이를 이동할 수 있는 전자들이 있죠. 이를 자유 전자라고 해요.

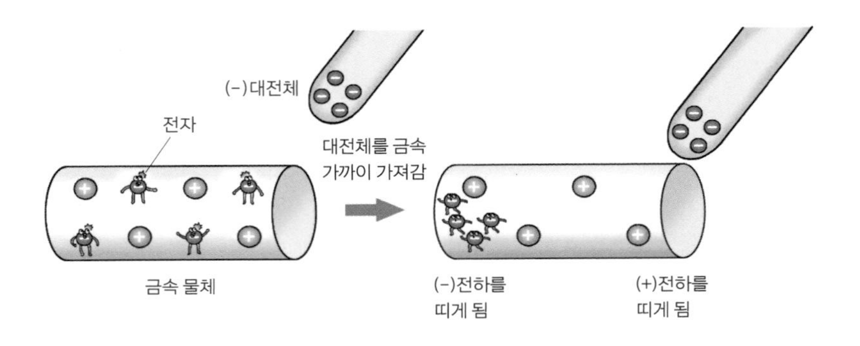

▲ 정전기 유도 과정

만일 (+)전하로 대전된 물체를 금속 가까이 가져가면 금속 내부의 자유 전자들은 어느 쪽으로 이동할까요? 맞아요. 이번에는 자유 전자들이 대전체 가까이 끌려오게 되므로, 금속에서 대전체와 가까운 쪽이 (−)전하를 띠게 돼요.

이처럼 정전기 유도는 금속 내부의 자유 전자들이 이동하면서 일어나요. 정전기 유도가 일어나도 금속 내 (+)전하와 (−)전하의 수는 변함이 없으며, 단지 전하의 분포가 변해서 금속이 전기를 띤다는 사실을 이해하길 바랍니다.

그렇다면 대전체를 정전기 유도가 일어난 금속에서 멀리 떨어뜨리면 어떻게 될까요? 금속은 원래의 상태로 돌아가서 전기를 띠지 않게 돼요. 자유 전자들은 같은 (−)전하를 띠므로 서로 밀어내는 힘이 작용하기에 항상 서로 멀리 떨어지려 하기 때문이죠.

이제 검전기에 대해 알아볼 시간이군요. **검전기**는 정전기 유도를 이용해 물체가 대전되어 있는지 알아보는 도구예요. 검전기는 '금속판 - 금속 막대 - 두 장의 금속박'이 연결되어 있고, 유리병 안에 금속 막대와 금속박이 들어 있지요. 검전기의 금속판에 물체를 가까이 가져갔더니 금속 막대 끝에 붙어 있는 금속박이 벌어졌다면, 그 물체가 전기를 띠고 있다는 사실을 알 수 있어요. 왜 그럴까요? 예를 들어, (-)전하로 대전된 물체를 검전기 금속판에 가까이 가져가면 금속판에 있던 자유 전자들이 금속박으로 이동하고, 그렇게 되면 금속박은 (-)전하로 대전되어 서로 밀어내는 힘이 작용해서 벌어지는 거예요.

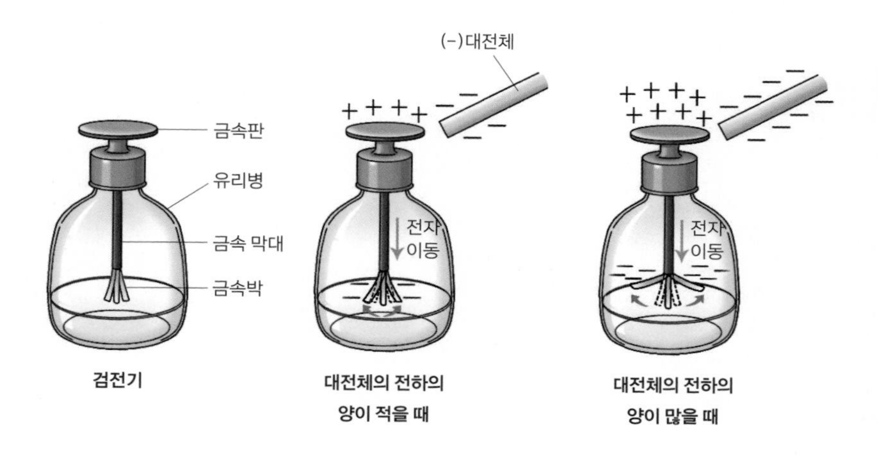

▲ 검전기에 대전체를 가까이 가져갔을 때의 모습

그럼 (+)전하로 대전된 물체를 검전기 금속판에 가까이 가져가면 어떻게 될까요? 이번에는 금속박에 있던 자유 전자가 금속판으로 이동하므로, 금속박이 (+)전하로 대전되면서 벌어집니다. 이때 대전된 물체가 띤 전하의 양이 많을수록 금속박이 더 많이 벌어져요.

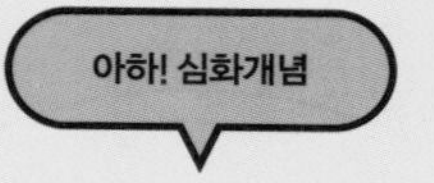

밴더그래프 정전 발전기의 원리는 무엇일까?

여러분, 혹시 과학관에서 둥근 금속 공처럼 생긴 장치를 본 적이 있나요? 이 장치에 손을 대면 머리카락이 곤두서는 신기한 경험을 할 수 있어요. 뿐만 아니라 이 장치는 작은 번개를 만들어내기도 해요. 이 장치의 이름은 '밴더그래프 정전 발전기'로, 1929년에 미국의 물리학자인 로버트 밴더그래프가 발명했어요. 풍선이나 책받침으로 머리카락을 문지르면 마찰 전기가 발생하죠? 밴더그래프 정전 발전기도 금속 공 내부에 있는 고무벨트를 모터로 빠르게 회전시켜 마찰 전기를 얻는 장치예요. 보통 수만~수십만V볼트 이상의 전압을 얻을 수 있지요. 그런데 이렇게 높은 전압이 발생하면 위험하지 않을까요?
우리가 일상생활에서 경험하는 정전기는 전압이 수천V 이상이지만 위험하진 않아요. 전압은 높지만 전하의 양이 적기 때문이에요. 물론 주유소와 같이 작은 불꽃에도 화재가 발생할 수 있는 곳에서는 위험하겠죠? 하지만 스웨터를 벗을 때 발생하는 정전기처럼 밴더그래프 정전 발전기의 정전기도 위험하지 않아요. 이 장치에서 발생하는 전기 역시 전압은 높지만 전하의 양이 적어 전류가 약하거든요.

오늘날에는 전기 없이 생활한다는 건 생각할 수도 없어요. 주변을 한번 둘러보세요. 항상 지니고 다니는 스마트폰에서부터 냉장고, 청소기, 전기밥솥 등 가전제품에 이르기까지 모두 전기가 필요하죠. 전기를 사용하기 위해서는 벽에 있는 콘센트에 플러그를 꽂아서 전선을 연결해요. 그런데 이때 전선을 통해 무엇이 전기 기구로 이동하는 걸까요? 그리고 전선 속에 숨어 있는 전기의 법칙은 무엇일까요?

전하의 흐름 : 전류

수도꼭지를 열면 수도에서 물이 나오고, 벽에 있는 스위치를 켜면 전등에 불이 들어와요. 그런데 이 둘 사이에는 비슷한 점이 있어요. 수도관이 연결되어야 물이 흘러가듯, 전선이 연결되어야 전기가 흘러갈 수 있거든요. 자, 이제 초등학교 때 배웠던 전기 회로를 떠올려볼 시간이군요.

잠깐! 초등개념

전기가 흐르는 길, 전기 회로

전기가 잘 통하는 물체를 '도체', 전기가 잘 통하지 않는 물체를 '부도체'라고 해요. 전구는 전기가 흐를 때 빛을 내는 기구로, 그 일부가 도체로 이뤄져 있어요. 전구의 불을 켜기 위해서는 전구, 전지, 전선도선 등을 연결해서 전기가 흐를 수 있는 길인 전기 회로를 만들어줘야 해요. 이때 전지와 전구는 '전지의 (+)극 – 전구 – 전지의 (-)극' 순서로 연결되어야 하죠.

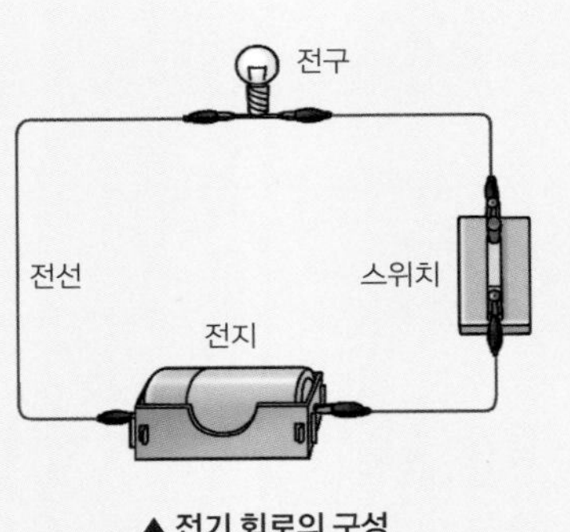

▲ 전기 회로의 구성

두 개 이상의 전지를 연결하는 방법에는 직렬연결과 병렬연결이 있어요. 전지를 서로 다른 극끼리 연결하면 전지의 직렬연결, 전지를 서로 같은 극끼리 연결하면 전지의 병렬연결이라고 해요. 전지를 직렬연결하면 병렬연결할 때보다 전구의 빛이 더 밝아요.

두 개 이상의 전구를 연결하는 방법에도 직렬연결과 병렬연결이 있어요. 전구를 한 줄로 연결하면 전구의 직렬연결, 전구를 여러 개의 줄에 나누어 각 줄마다 한 개씩 연결하면 전구의 병렬연결이라고 하죠. 그런데 전지의 연결 때와 달리, 전구를 병렬연결하면 직렬연결할 때보다 전구의 빛이 더 밝아요. 한편 전구를 직렬연결할 경우에는 전구 중 한 개를 빼면 전기 회로가 끊기는 것이기에 나머지 전구에 불이 들어오지 않아요. 하지만 전구를 병렬연결할 경우에는 전구 중 한 개를 빼도 나머지 전구가 연결된 전기 회로는 끊어지지 않기에 나머지 전구의 불은 들어와요.

정전기는 한곳에 머물러 있지만, 전선 속에서 흐르는 전기는 그렇지 않아요. 이렇게 전하가 한곳에 정지한 것이 아니라 이동하는 것을

전류라고 해요. 즉, 전류는 전하의 흐름이에요. 전류는 도선을 통해 흐르는데, 우리는 전류가 전지의 (+)극에서 (-)극으로 흐른다고 말해요. 그러나 전류가 흐를 때 실제로 도선 속에서 이동하는 것은 전자이며, 전자는 전지의 (-)극에서 (+)극으로 이동해요. 눈에 보이지 않는 전자의 존재를 몰랐을 때 과학자들은 전지의 (+)극에서 (-)극으로 (+)전하가 흐른다고 생각했어요. 하지만 나중에 전자의 존재가 알려지면서 실제로 도선 속에서 이동하는 것은 전자라는 사실이 밝혀졌죠. 그래도 전류의 방향은 관습적으로 전지의 (+)극에서 (-)극 쪽이라고 표현해요. 이런 이유로 전류의 방향은 전자의 이동 방향과

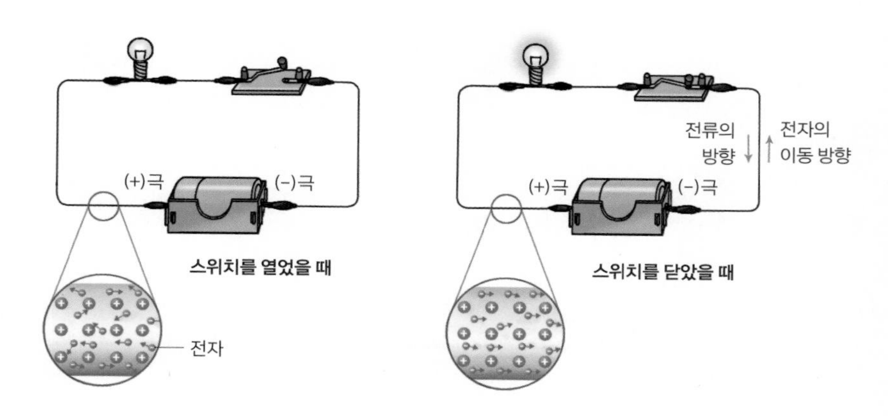

▲ **도선에서 전자의 이동 모습**

스위치가 열려 있을 땐 전자들이 여러 방향으로 불규칙하게 움직이고, 스위치를 닫으면 전자들이 (-)극에서 (+)극으로 이동하면서 전류가 흐른다.

반대라는 것을 꼭 기억해두길 바랍니다.

다음으로 전류의 세기를 알아볼게요. 전류의 세기는 전하의 흐름이 많을수록 클 것이라고 예상할 수 있어요. 여기서 중요한 점은 시간을 고려해야 한다는 거예요. 도선 속에서 1초 동안 100개의 전자가 이동하는 경우와 100초 동안 200개의 전자가 이동하는 경우를 가정해보죠. 둘 중 어느 경우에 전류의 세기가 더 클까요? 맞아요. 앞의 경우입니다. 100초 동안 200개의 전자가 이동했다는 것은 1초 동안 2개의 전자가 이동했다는 뜻이니까요. 즉, 일정한 시간 동안 더 많은 전자가 이동할수록 전류의 세기가 더 커요.

전류의 세기를 나타내는 단위는 A암페어예요. 이는 전기 연구에 많은 업적을 세운 프랑스의 물리학자인 앙드레 앙페르의 이름에서 따왔지요. 1A는 도선의 한 단면을 1초 동안 약 6.25×10^{18}개의 전자가 통과할 때의 전류의 세기예요. 1A는 큰 단위이므로 이보다 1,000배 작은 mA밀리암페어라는 단위도 많이 사용해요. 즉, 1A = 1,000mA예요.*

함께 생각해요!

* **전하량의 단위, 쿨롬 :** 약 6.25×10^{18}개의 전자가 흐를 때의 전하량을 1C(쿨롬)이라고 해요. 즉, 1A는 도선의 한 단면을 1초 동안 1C의 전하량이 통과할 때의 전류 세기예요.

수도관에 구멍이 없다면 관 속에서 흘러가는 물의 양은 일정해요. 만약 집에서 사용한 물의 양보다 많은 수도 요금이 나왔다면 어딘가에서 물이 새고 있다고 추측할 수 있죠. 마찬가지로 전하는 도선 속에서 이동하므로, 어떤 이유로 도선 속에서 전하가 사라지거나 새로 생겨나지 않는다면 도선 속 전하의 양은 항상 같아야 해요. 이렇게 도선을 따라 흐르는 전하량이 일정하게 보존되는 것을 **전하량 보존 법칙**이라고 합니다.

아래 그림을 보세요. 두 전구가 직렬로 연결되어 있는 (가)의 경우, 전류계 A의 전류값이 0.2A라면 전류계 B와 전류계 C의 전류값은 얼마일까요? 그렇죠. 모두 0.2A예요. 즉, 이때 전류의 세기는

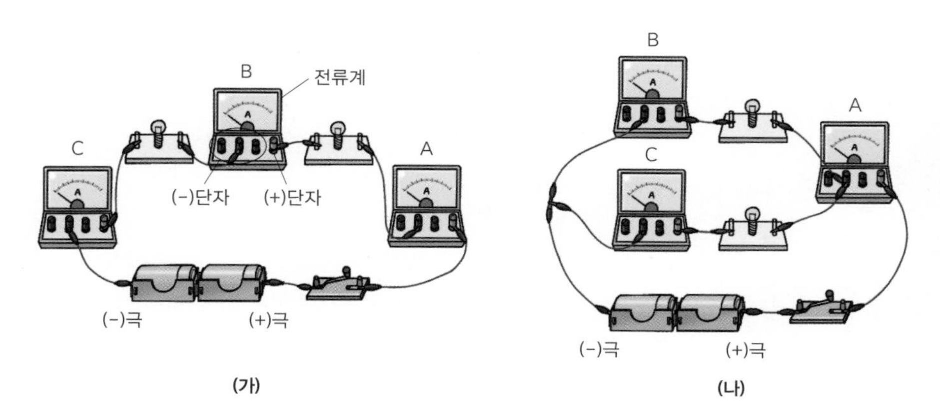

▲ **전하량의 보존**

(가)의 경우 전류의 세기는 A=B=C이고, (나)의 경우 전류의 세기는 A=B+C다.

A = B = C예요. 이번에는 두 전구가 병렬로 연결되어 있는 (나)의 경우를 생각해볼게요. 전류계 A의 전류값이 0.5A이고 전류계 B의 전류값이 0.2A라면 전류계 C의 전류값은 얼마일까요? 0.3A라고 대답했다면 여러분은 전하량 보존 법칙을 이해하고 있다는 뜻이에요. 전류계 A에 흐르는 전류의 세기는 전류계 B와 전류계 C 쪽으로 나뉘어 흐르는 전류의 세기의 합과 같기 때문이죠. 즉, 이때 전류의 세기는 A = B + C예요. 전하량 보존 법칙이라고 해서 거창할 것 같지만, 덧셈과 뺄셈만 할 수 있으면 주어진 문제를 풀 수 있지요.

참고로 전류의 세기를 측정하는 장치인 **전류계**는 전기 회로에 직렬로 연결해요. 그리고 전류계의 (+)단자는 전지의 (+)극 쪽에, 전류계의 (-)단자는 전지의 (-)극 쪽에 연결합니다.

전류를 흐르게 하는 원인: 전압

장난감이나 리모컨 등의 전기 기구를 작동하려면 건전지가 필요하죠? 건전지를 넣을 때는 알맞은 종류인지 확인하고, 건전지 넣는 방향도 맞춰야 해요. 건전지를 잘못 넣으면 작동이 안 되거나 고장 날 수도 있거든요. 그런데 건전지는 어떻게 장난감을 작동할까요?

아래 그림을 보세요. 물탱크에 수도관을 연결하면 높은 곳에서 낮은 곳으로 물이 흘러요. 물이 흐르는 이유는 물의 높이 차이 때문이죠. 이때 펌프로 낮은 곳에 있는 물을 높은 곳으로 올리면, 물의 높이 차이가 생겨 물이 계속 흐릅니다. 펌프의 작용으로 수압이라는 물의 압력이 생겨 물이 흐르는 거예요.

전기 회로에도 펌프처럼 전류가 흐를 수 있도록 해주는 장치가 있어요. 바로 전지예요. 전지도 전류가 흐를 수 있도록 전압을 만들어 내죠. 전기 회로에서 **전압**은 전류를 흐르게 하는 원인, 또는 간단하게 전기적 압력이라고 이해하면 됩니다. 회로에는 전압이 생겨야 전

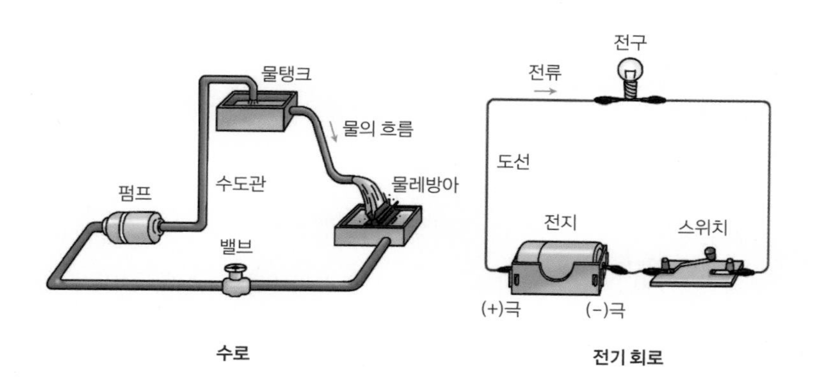

▲ 수로와 전기 회로의 비교

펌프는 전지, 밸브는 스위치, 물의 흐름은 전류, 물레방아는 전구, 수도관은 도선에 해당한다.

류가 흐를 수 있어요. 그래서 장난감이 작동하지 않을 때 오래된 건전지를 새것으로 교체하면 다시 작동할 수 있지요.

전압을 나타내는 단위는 V볼트예요. 이는 볼타 전지를 발명한 볼타의 업적을 기리기 위해 붙인 이름이에요. 1V는 1,000mV밀리볼트인데, 전류와 달리 일상생활에서는 mV 단위를 잘 사용하지 않아요. 1.5V, 6V, 9V 건전지나 3.7V 충전식 건전지를 보면 알 수 있듯이 1V보다 작은 전압은 거의 사용하지 않죠. 더구나 가정용 전압은 220V로 매우 높아요.

그럼 1.5V 건전지 1개로는 전압이 낮아서, 더 높은 전압이 필요할 때는 어떻게 해야 할까요? 이런 경우에는 건전지를 직렬로 연결해서 사용하면 돼요. 1.5V 건전지 2개를 직렬로 연결하면 3V가 되죠. 전기뱀장어도 몸속에서 전지 역할을 하는 세포들이 직렬로 연결되어 있어서 850V의 높은 전압을 낼 수 있다고 해요. 생각보다 훨씬 높은 전압이네요.

전압의 크기를 측정하는 장치인 **전압계**는 전기 회로에 병렬로 연결해요. 그리고 전압계의 (+)단자는 전지의 (+)극 쪽에, 전압계의 (-)단자는 전지의 (-)극 쪽에 연결합니다.

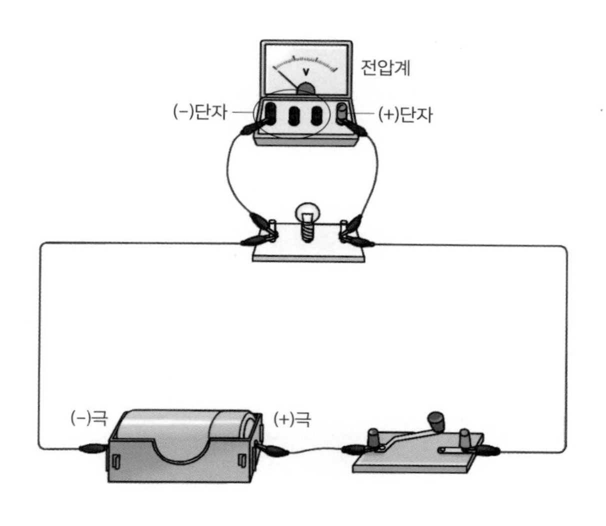

▲ 전압계의 연결 방법

전류, 전압, 저항은 어떤 관계일까?: 옴의 법칙

전압을 높이는 이유는 간단해요. 전압이 높으면 전류가 많이 흐르기 때문이에요. 전류를 흐르게 하는 원인이 전압이라고 했지요? 즉, 전류와 전압은 비례해요.

그런데 전압만 높다고 무조건 전류가 많이 흐르는 것은 아니에요. 같은 전압이라도 구리선에는 많은 전류가 흐르지만, 니크롬선에는 전류가 조금밖에 흐르지 않죠. 이는 물질마다 전류의 흐름을 방해하는 정도인 **전기 저항**이 다르기 때문이에요.

전기 저항은 왜 생길까요? 물질은 원자로 구성되어 있기에, 전류가 흐를 때 전자가 이동하다 보면 원자와 충돌이 일어나요. 물질 내에서 전자와 원자의 충돌이 많이 일어날수록 전자는 더 이동하기 힘들겠죠? 물질마다 자유 전자의 수가 다르고 원자의 배열 상태가 다르므로 원자와 전자가 충돌하는 정도가 달라서, 물질마다 전기 저항이 다르지요. 그래서 물질이 가진 전기 저항은 물질의 특성이기도 해요.

전기 저항의 단위로는 Ω[옴]을 사용해요. 이는 전류와 전압의 관계를 연구한 독일의 물리학자인 게오르크 옴의 업적을 기리기 위해 붙인 이름이에요. 그럼 1Ω의 전기 저항은 어느 정도를 의미할까요? 전기 저항이 1Ω인 도선에 1V의 전압을 걸면 도선에는 1A의 전류가 흘러요.

전기 저항은 전류의 흐름을 방해하는 정도이므로, 전기 저항이 크면 전류가 적게 흐르고 전기 저항이 작으면 전류가 많이 흐르겠죠? 즉, 전류와 전기 저항은 반비례해요.

정리하면, 전기 회로에 흐르는 전류의 세기는 전압에 비례하고, 전기 저항에 반비례해요. 이를 **옴의 법칙**이라고 합니다. 전류의 세기를 I, 전압을 V, 전기 저항[저항]을 R라고 하면 옴의 법칙은 다음과 같은 식과 그래프로 나타낼 수 있어요.*

$$I = \frac{V}{R} \Rightarrow V = IR$$

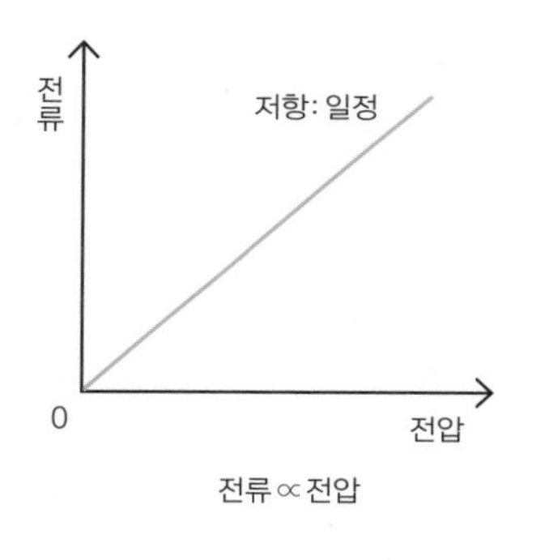

▲ 전압과 전류의 관계

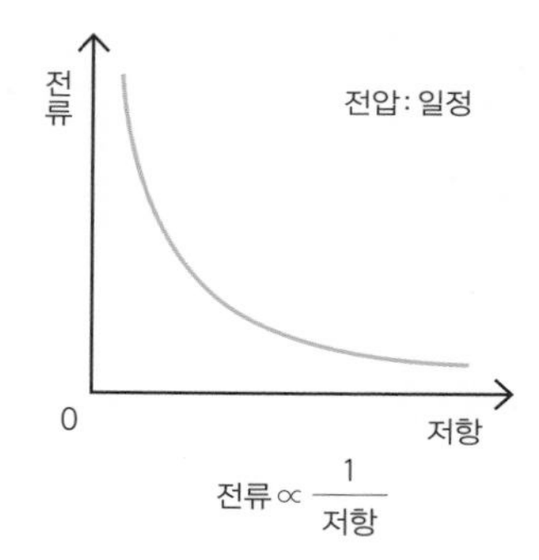

▲ 저항과 전류의 관계

함께 생각해요!

* **옴의 법칙에서 전압-저항 그래프 :** 옴의 법칙에 따르면 전류가 일정할 때 전압과 저항은 비례해요. 따라서 이를 그래프로 나타내면, 저항이 일정할 때 전류와 전압이 비례하는 그래프와 같은 모습이겠죠? 하지만 이 그래프는 잘 사용하지 않아요. 옴의 법칙은 '전류와 전압', '전류와 저항' 사이의 관계를 나타내기 때문이에요. 또한 전류를 일정하게 하려고 전압을 높이면서 그에 맞게 저항을 증가시키는 경우는 거의 없답니다.

옴의 법칙은 전기를 다루는 학문에서 가장 기본적인 식으로, 아무리 강조해도 지나치지 않을 만큼 중요해요. 그러니 '브이는 아이·아르'라고 입에 붙을 정도로 외우길 바랍니다.

저항들을 한 줄로 나란히: 저항의 직렬연결

차들은 도로를 따라 움직여요. 그런데 공사를 하거나 사고라도 나서 차선이 줄어들면 어떨까요? 차들이 움직이기 힘들어 도로를 통과하는 데 시간이 많이 걸려요. 또한 도로가 길면 길수록 차들이 통과하기 힘들지요. 전기 회로에서 도선의 전기 저항 변화도 이와 비슷해요. 즉, 전기 저항은 도선의 단면적에 반비례하고, 도선의 길이에 비례해요.

한편 전기 회로에 흐르는 전류의 세기와 걸리는 전압의 크기는 저항을 어떻게 연결하는지에 따라 달라져요. 그런데 저항이라고 해서 실험실에서 사용하는 니크롬선만 있는 것은 아니에요. 집 안을 한번 둘러보세요. 많은 전기 기구가 보이죠? 집 안의 전선에 연결된 이 모든 전기 기구가 바로 전류의 흐름을 방해하는 저항이에요.

저항을 직렬로 연결하든 병렬로 연결하든, '옴의 법칙'과 '전하량

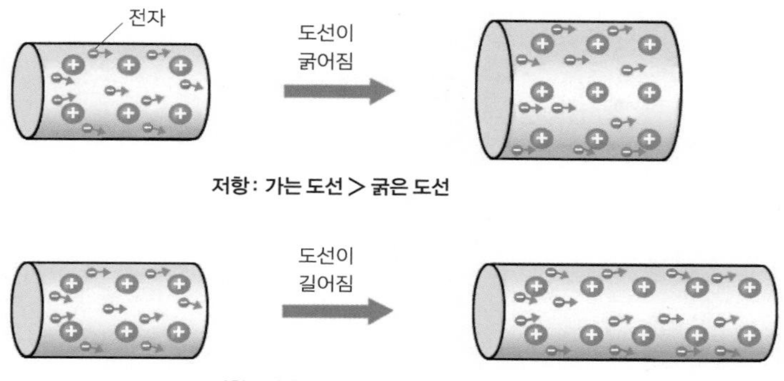

▲ 도선의 단면적과 길이에 따른 전기 저항의 변화

보존 법칙'만 이해하면 저항의 연결에 따라 전류의 세기와 전압의 크기가 어떻게 변하는지 이해할 수 있어요. 아래 그림과 같이 R_1과 R_2, 두 개의 저항이 직렬로 연결된 전기 회로를 생각해볼게요.

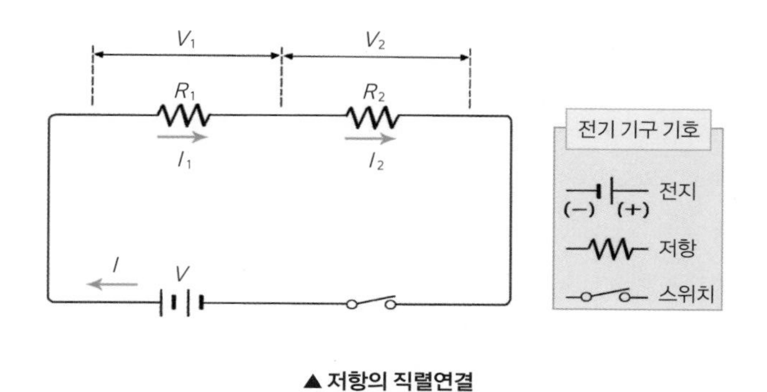

▲ 저항의 직렬연결

먼저 전류의 세기를 살펴보면, 전하량 보존 법칙에 따라 각각의 저항에 흐르는 전류의 세기는 전체 전류의 세기와 같아요. 도선이 하나로 연결되어 있으니 전류의 값은 어디서나 같다는 것은 쉽게 이해되지요? 다음은 이런 전류의 관계를 식으로 나타낸 거예요. 이때 I는 전체 전류의 세기, I_1은 저항 R_1에 흐르는 전류의 세기, I_2는 저항 R_2에 흐르는 전류의 세기를 의미해요.

$$I = I_1 = I_2$$*

다음으로 전압을 살펴보면, 전체 전압은 각각의 저항에 걸리는 전

함께 생각해요!

* **전기 회로를 식으로 표현하기 :** 여러 개의 저항을 연결한 전기 회로는 말로 표현하는 것보다 식으로 나타내는 것이 편리해요. 만약 $I = I_1 = I_2$라는 식을 말로 표현한다면 이렇게 되지요. "전체 전류의 세기는 저항 R_1에 흐르는 전류의 세기와 같고, 저항 R_2에 흐르는 전류의 세기와도 같다." 어떤가요? 식으로 나타내는 쪽이 훨씬 간결하죠? 두 개의 저항일 때도 식이 더 간단한데, 저항이 세 개 이상으로 많아지면 어떻겠어요. 식이 아니면 너무 길어서 표현하기 어려울 거예요. 그러니 전기 회로를 식으로 나타내고 이해하는 데 익숙해져야 합니다.

압의 합과 같아요. 왜 그럴까요? 전체 전압은 전지에서 만들어내는 전압밖에 없으니, 전지의 전압이 곧 전체 전압이에요. 그리고 이 전체 전압은 각각의 저항에서 일정한 전류가 흐르도록 하는 역할을 하죠. 그러므로 전체 전압은 두 개의 저항에 나뉘어 걸려요. 이때 저항이 크면 전압도 더 크게 걸리죠. 그래야 전류가 일정한 세기로 흐르니까요. 다음은 이런 전압의 관계를 식으로 나타낸 거예요. 이때 V는 전체 전압, V_1은 저항 R_1에 걸리는 전압, V_2는 저항 R_2에 걸리는 전압을 의미해요.

$$V = V_1 + V_2$$

따라서 옴의 법칙에 따르면 $V_1 = I_1 R_1$이고, $V_2 = I_2 R_2$이므로 전체 전류와 전압, 저항 사이에는 다음과 같은 식이 성립합니다.

$$\begin{aligned} V &= V_1 + V_2 \\ &= I_1R_1 + I_2R_2 \\ &= IR_1 + IR_2 \\ &= I(R_1 + R_2) \end{aligned}$$

즉, 전체 저항합성 저항 $R = R_1 + R_2$예요. 이처럼 저항을 직렬로 연결하면 저항을 많이 연결할수록 전체 저항이 증가하고, 전체 전류의 세기는 감소해요. 이는 저항의 길이가 길어지는 효과와 같네요. 도로에서도 막히는 곳이 한 군데일 때보다는 두 군데일 때 차들이 통과하기 더 어렵잖아요.

저항을 직렬로 연결해서 사용할 때는 하나의 저항이 끊어지면 전체 회로에 전류가 흐르지 못해요. 이를 이용한 것이 누전차단기나 크리스마스트리의 장식용 전구예요. 누전차단기는 집으로 들어오는 전기 회로에 직렬로 연결되어 있어서, 집 안의 어느 한 지점에서 전기가 누전되면 스위치가 자동으로 내려가 집 전체의 전기를 차단하죠. 또한 크리스마스트리의 장식용 전구들은 여러 줄로 되어 있는데, 각 줄의 전구들은 직렬로 연결되어서 동시에 불이 꺼졌다가 켜져요. 각 줄의 전구 중에는 바이메탈 전구가 있어서 일정 시간이 지나면 바이메탈이 휘어지면서 전류가 차단되고, 그러면 직렬 연결된 전구들은 모두 불이 꺼지는 거예요. 잠시 후 그 줄의 바이메탈 전구가 켜지면 그 줄의 전구들도 불이 켜지고, 이때 다른 줄의 전류가 차단되면서 전체적으로 전구들이 한 줄씩 깜빡이는 거랍니다.

저항들을 여러 줄에 나누어 한 개씩: 저항의 병렬연결

이번에는 아래 그림과 같이 R_1과 R_2, 두 개의 저항이 병렬로 연결된 전기 회로를 생각해볼게요.

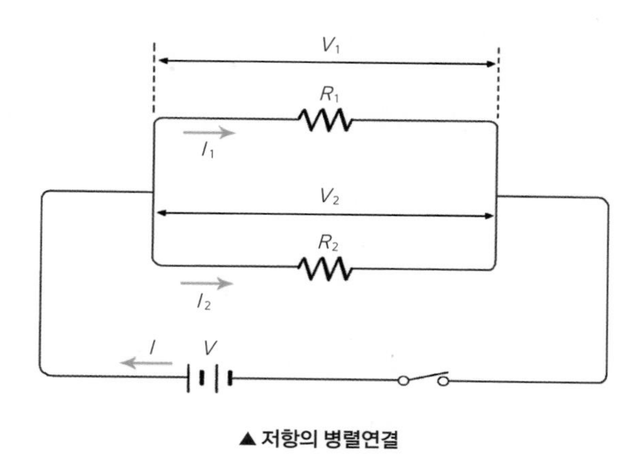

▲ 저항의 병렬연결

먼저 전류의 세기를 살펴보면, 전하량 보존 법칙에 따라 회로에 흐르는 전류의 세기는 다음과 같아요.

$$I = I_1 + I_2$$

다음으로 전압을 살펴보면, 전체 전압과 각각의 저항에 걸리는 전압은 같아요. 왜 그럴까요? 이 전기 회로를 다시 한번 볼게요. 전기 회로에 있는 전지 한 개의 전압이 1.5V라면, 전지 두 개를 직렬로 연결했으므로 전체 전압은 3V예요. 따라서 위쪽에 있는 저항 R_1에는 3V의 전압이 걸려요. 마찬가지로 아래쪽에 있는 저항 R_2에도 3V의 전압이 걸리죠. 두 저항은 서로에게 영향을 주지 않기에 각각의 저항은 다른 저항이 있든 없든 전지의 3V에 연결되어 있는 거예요. 그러니까 서로 병렬로 연결된 저항에는 같은 전압이 걸립니다. 다음은 이런 전압의 관계를 식으로 나타낸 거예요.

$$V = V_1 = V_2$$

따라서 옴의 법칙에 따르면 $V_1 = I_1 R_1$이고, $V_2 = I_2 R_2$이므로 전체 전류와 전압, 저항 사이에는 다음과 같은 식이 성립합니다.

$$\begin{aligned} I &= I_1 + I_2 \\ &= \frac{V_1}{R_1} + \frac{V_2}{R_2} \\ &= \frac{V}{R_1} + \frac{V}{R_2} \\ &= V\left(\frac{1}{R_1} + \frac{1}{R_2}\right) \end{aligned}$$

즉, 전체 저항 R와 각각의 저항 R_1, R_2는 $\frac{1}{R} = \frac{1}{R_1} + \frac{1}{R_2}$의 관계로, 전체 저항은 각 저항보다 작아요. 이처럼 저항을 병렬로 연결하면 저항을 많이 연결할수록 전체 저항이 감소하고, 전체 전류의 세기는 증가해요. 이는 저항의 단면적이 넓어지는 효과와 같네요. 도로가 막힐 때 옆에 작은 폭이라도 도로가 더 있으면 아무래도 차들이 더 잘 통과할 수 있겠죠? 이때 큰 도로와 작은 도로 중 어느 쪽으로 차들이 많이 지나갈까요? 도로가 크다는 것은 그만큼 저항이 작다는 뜻이므로, 당연히 큰 도로로 차들이 많이 지나가요. 전기 회로에서도 마찬가지예요. 저항을 병렬로 연결하면 저항이 작은 쪽으로 전류가 더 많이 흐르죠. 즉, 전압이 일정할 때 전류의 세기는 저항의 크기에 반비례해요. 아하, 바로 옴의 법칙에서 설명했던 내용이군요.

저항의 병렬연결 회로는 가정에서 흔히 볼 수 있어요. 가정에서는 텔레비전, 냉장고, 공기청정기 등 여러 전기 기구를 사용하는데, 모두 220V의 동일한 전압이 걸려요. 이는 전기 기구를 병렬로 연결하기에 가능하지요. 또한 전기 기구를 병렬연결하면 전기 기구에 따라 작동할 수 있어요. 저항을 병렬로 연결할 때는 하나의 저항이 끊어져도 다른 저항에는 전류가 흐르기 때문이에요. 그러니까 텔레비전을 꺼도 컴퓨터를 사용할 수 있는 겁니다. 만일 전기 기구를 직렬로 연결한다면 모든 전기 기구를 동시에 켜고 꺼야 하겠죠?

전기 에너지의 생성부터 이용까지

집 안 여기저기를 보면 전기로 작동되는 기구가 굉장히 많아요. 만약 정전이 된다면 텔레비전도 볼 수 없고, 컴퓨터도 켤 수 없고, 냉장고도 꺼져서 음식을 보관할 수도 없을뿐더러 밤이라면 어두워서 제대로 보이지도 않을 거예요. 우리가 얼마나 많은 전기를 사용하는지 새삼 느끼게 되네요. 그런데 이렇게 다양한 전기 기구를 작동하는 전기는 어떻게 만들어질까요? 전기는 발전소에서 만들어 가정으로 공급되는데, 발전소의 종류에 상관없이 발전기에서 전기를 생산하는 원리는 동일하답니다.

코일 주위에서 자석이 움직이거나 자석 주위에서 코일이 움직이면, 코일을 통과하는 자기장이 변하면서 코일에 전류가 흘러요.자기장에 대해서는 잠시 후에 자세히 배울게요. 이 현상을 **전자기 유도**라고 하며, 전자기 유도에 의해 코일에 흐르는 전류를 **유도 전류**라고 해요.

전자기 유도 현상은 1831년에 패러데이가 발견했어요. 패러데이의 발견 덕분에 전기를 지속적으로 만들 수 있는 방법이 생겨, 과학자들은 전기 연구를 체계적으로 할 수 있게 됐죠. 그러니 패러데이는 현대 전기 문명을 탄생시킨 장본인이라고 할 수 있군요.

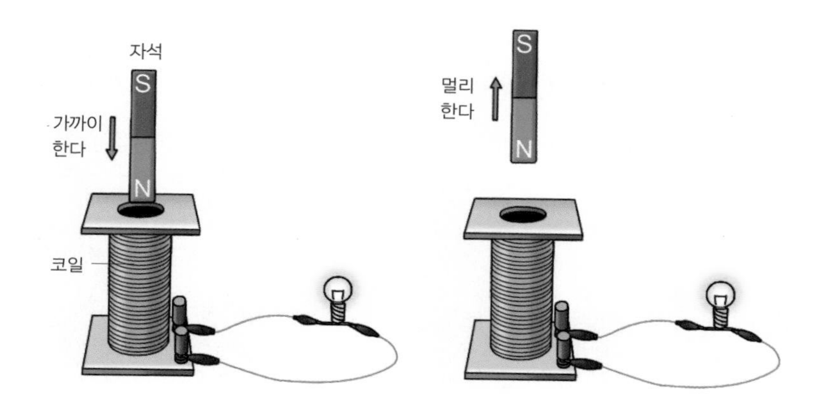

▲ 전자기 유도에 의한 전류의 발생

자석이 코일에 가까워지거나 자석이 코일에서 멀어질 때 코일에 유도 전류가 흘러 전구가 켜진다.

위의 그림을 보면 코일에 자석이 가까이 갈 때만 유도 전류가 생기는 것이 아니라, 코일에서 자석이 멀어질 때도 유도 전류가 생긴다는 것을 알 수 있어요. 이때 자석이 움직이는 방향이 반대이면 전류의 방향도 반대가 되지요. 그리고 더 강한 자석을 사용하거나, 자석을 빠르게 움직이거나, 코일을 촘촘하게 많이 감을수록 더 센 유도 전류를 얻게 돼요. 또한 자석은 정지한 채 코일이 움직여도 유도 전류가 생깁니다. 여기서 중요한 점은, 코일과 자석 중 어느 쪽이든 움직여야 유도 전류가 생긴다는 거예요. 아무리 강한 자석을 사용하더라도 코일 속에 자석을 넣고 가만히 있으면 유도 전류는 생기지 않아요.

전자기 유도 현상은 교통 카드나 도난 방지 장치 등에 이용돼요. 교통 카드를 버스나 지하철의 단말기에 가까이 가져가면 요금이 자동으로 계산되죠? 이는 교통 카드 속에 코일이 감겨 있어서, 전자석이 있는 단말기에 가까이 가져가면 코일에 생긴 유도 전류로 인해 카드와 단말기가 서로 정보를 주고받기 때문이에요. 그리고 자기 테이프가 붙어 있는 물건을 가지고 도난 방지 장치 사이를 지나가면, 장치에 유도 전류가 흘러 경보음이 울리게 되죠. 물론 자기 테이프의 자기적 성질을 없앤 후 통과하면 울리지 않아요.

이처럼 전자기 유도 현상은 일상생활에서 많이 이용되는데, 가장 중요한 용도는 바로 발전기예요. 발전기는 자석 사이에 있는 코일이 회전하거나 코일 속에서 자석이 회전하면서 유도 전류가 발생하는

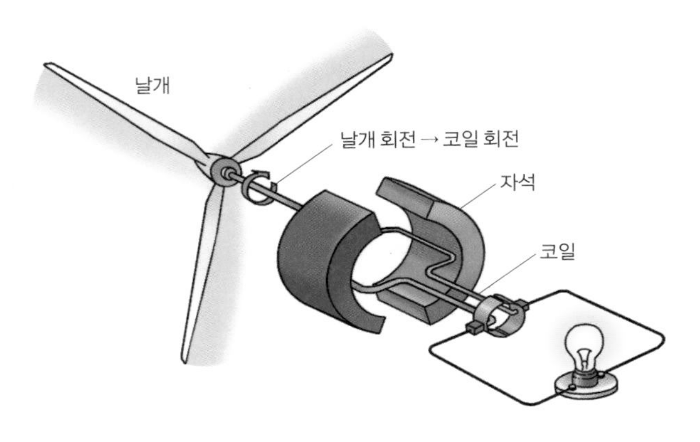

▲ 발전기의 원리

것을 이용해 전기를 만들어요. 즉, 발전기는 역학적 에너지가 전기 에너지로 전환되는 현상을 이용하는 겁니다.

단, 발전기의 자석이나 코일을 회전시키는 방식은 발전소마다 달라요. 수력 발전소에서는 마치 물레방아처럼 떨어지는 물의 위치 에너지 차이로, 화력 발전소에서는 연료를 태워 물을 끓일 때 생기는 증기로, 풍력 발전소에서는 바람의 힘으로 터빈을 회전시키는데, 이 터빈은 발전기에 연결됩니다. 그러면 발전기의 자석이나 코일이 회전하면서 전자기 유도 현상에 의해 코일에 전류가 흐르죠. 이제 발전기에서 전기가 만들어지는 과정이 이해되나요?

전기 에너지는 역학적 에너지나 열에너지, 빛에너지, 소리 에너지 등으로 쉽게 전환되기 때문에 다양한 전기 기구가 만들어졌어요. 선풍기나 세탁기는 전기 에너지가 운동 에너지로 전환되는 장치예요. 전기 에너지를 공급하면 모터가 회전하면서 바람을 일으키거나 세탁물을 돌리죠. 전기난로나 전기밥솥은 전기 에너지가 열에너지로, 전등은 전기 에너지가 빛에너지로, 스피커는 전기 에너지가 소리 에너지로 전환되는 예입니다.

사실 전기 에너지가 하나의 에너지로 전환되는 경우는 거의 없어요. 다만 전기 기구의 용도가 무엇인지 보고 에너지 전환을 판단하면 돼요. 예를 들어, 전등을 켜면 빛이 나오지만 전등을 만져보면 뜨거워요. 전기 에너지가 빛에너지와 열에너지로 전환되기 때문이에요. 하지만 전등은 열에너지를 얻기 위해 사용하는 것이 아니므로, 전등은 전기 에너지가 빛에너지로 전환되는 기구라고 하죠. 텔레비전의 경우는 어떨까요? 이는 전기 에너지가 빛에너지와 소리 에너지로 동시에 전환되는 전기 기구예요.

전기 에너지는 아껴서 사용해야 해요. 물론 전기 요금이 많이 나온다는 이유도 있지만, 전기를 아끼는 것이 환경을 보호하는 길이기도 하니까요. 대표적으로, 전기 에너지를 만들기 위해서 화력 발전소를 가동하면 이산화 탄소가 방출되지요.

전기 에너지를 아끼기 위해서는 소비 전력이 적은 전기 기구를 사용해야 해요. **소비 전력**은 전기 기구가 1초 동안 소모하는 전기 에너지의 양으로, 단위는 W와트예요. 1W는 1초 동안 1J의 전기 에너지를 소모할 때의 전력이죠. 어떤 전기 기구의 소비 전력이 50W라면 1초에 50J의 전기 에너지를 소모한다는 뜻이에요.

$$\text{소비 전력} = \frac{\text{전기 에너지}}{\text{시간}}$$

전기 기구가 소모한 전기 에너지의 양은 어떻게 구할까요? 전기 기구가 일정 시간 동안 소모하는 전기 에너지의 양을 **전력량**이라고 하며, 단위로는 Wh와트시나 kWh킬로와트시, 1kWh = 1,000Wh를 사용해요. 1Wh는 소비 전력이 1W인 전기 기구를 1시간 동안 사용했을 때의 전력량이에요. 따라서 소비 전력과 사용한 시간의 곱으로 전력량을 나타내죠.

전력량 = 소비 전력 × 시간

여러분, 전기 요금 고지서를 자세히 본 적이 있나요? 전기 요금은

한 달 단위로 부과하며, 대부분의 전기 기구는 한 달 동안 수십에서 수백 시간을 사용해요. 그래서 가정에서 한 달 동안 사용한 전력량은 수십 kWh 이상이나 되지요. 만일 Wh 단위로 전력량을 표기한다면 숫자가 너무 커서 읽기 불편하겠죠?

잠깐! 초등개념

전기 에너지를 효율적으로 이용하는 방법

우리가 전기 에너지를 효율적으로 이용하는 방법에는 어떤 것이 있을까요? 먼저 전기 제품을 구입할 땐 '에너지 소비 효율 등급' 표시를 확인해보세요. 이는 에너지를 효율적으로 이용하는 정도를 1등급에서 5등급까지 나눠 나타낸 것으로, 1등급에 가까울수록 에너지 효율이 높은 제품이에요. 또한 '에너지 절약' 표시와 '고효율 기자재 인증' 표시도 확인하면 좋아요. 에너지 절약 표시는 대기 전력전원을 끈 상태에서 소모되는 전력 기준을 만족하는 제품에, 고효율 기자재 인증 표시는 더 적은 전기 에너지로 같은 일을 할 수 있는 제품에 붙어 있답니다. 그러니 이런 표시들이 있는 전기 제품을 사용해 에너지도 절약하고 전기 요금도 아끼자고요.

▲ 에너지 소비 효율 등급

이제 집에 있는 가전제품을 한번 살펴보세요. 가전제품의 뒷면이나 옆면에는 제품 사양이 적혀 있는데, 그중에는 정격 전압과 소비 전력도 표기되어 있어요. 이때 정격 전압이 220V, 소비 전력이 3,300W라면 이 전기 기구는 220V 전압에 연결할 때 3,300W의 전력을 소비한다는 뜻이죠. 소비 전력이 높은 전기 기구에는 에어컨이나 전기난로, 헤어드라이어, 전자레인지 등이 있어요. 자원과 환경을 아끼기 위해서는 전기 에너지를 많이 소모하는 전기 기구의 사용을 줄이고, 전기 효율이 높은 제품을 사용해야 해요.* 또한 사용하지 않는 전기 기구의 스위치를 끄거나 코드를 뽑아놓는 등의 노력도 필요합니다.

함께 생각해요!

* **전기 효율 :** 전기 효율이란 전기 에너지가 다른 에너지로 전환될 때, 필요한 형태의 에너지로 전환되는 비율을 의미해요. 전등의 경우 공급된 전기 에너지가 빛에너지로 많이 전환될수록 전기 효율이 높은 거죠. 또는 더 적은 전기 에너지로 같은 일을 할 수 있으면 전기 효율이 높은 거예요. 같은 빛을 내기 위해 백열전구는 LED 전등보다 더 많은 전기 에너지를 소모해요. 100W의 백열전구와 같은 밝기의 LED 전등의 소비 전력은 12W로, 백열전구는 LED 전등에 비해 거의 8배나 되는 전기 에너지를 소모하지요. 그래서 2014년부터 백열전구의 생산이나 수입을 금지한 거랍니다.

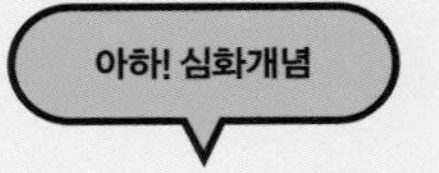

스마트 그리드는 어떤 장점이 있을까?

스마트 그리드Smart Grid는 '똑똑한 전력망'이라는 뜻으로, 흔히 지능형 전력망이라고 불러요. 전력망은 전력을 공급하는 시스템을 말하죠. 가정에서 전기 기구를 사용하려면 전력망에 연결되어 있어야 해요. 그런데 지금까지는 한국전력공사에서 공급하는 전력을 일방적으로 사용하는 것밖에 할 수 없었어요. 하지만 차세대 전력망인 스마트 그리드는 달라요. 일방적으로 사용하던 전력망에 IT 기술정보 통신 기술을 접목해, 발전소와 소비자가 서로 정보를 주고받으면서 전기를 공급하고 소비함으로써 에너지 효율을 높일 수 있지요. 발전소에서는 사물인터넷을 이용해 정보를 제공받아서 실시간으로 필요한 전력량을 파악할 수 있고, 소비자는 전력의 값이나 품질에 대한 정보를 제공받을 수 있죠.

어차피 필요한 전력을 사용하는데, 똑똑한 전력망이 왜 필요할까요? 발전소에서는 기업이나 가정에서 필요한 전력의 양을 알 수 없기에, 항상 필요 이상의 전력을 생산해요. 전력이 부족해 정전이 발생하는 피해를 막기 위해서예요. 하지만 스마트 그리드는 전기 기구가 전력망과 서로 연결되어 있어서 전력이 남는 시간에 작동할 수 있어요. 전력이 남는 시간에는 전기의 가격도 저렴하므로 가정에서도 이득이겠죠?

또한 스마트 그리드는 신재생 에너지의 활용도도 높일 수 있답니다. 태양 전지나 풍력 발전은 태양이 있을 때와 바람이 불 때만 사용할 수 있어요. 비가 온다거나 바람이 불지 않으면 전기를 만들 수 없지요. 하지만 태양 전지나 풍력 발전으로 만들어진 전기가 남을 때는 스마트 그리드를 통해 한국전력공사에 전기를 판매하고, 부족할 때는 한국전력공사로부터 전력을 공급받아서 사용하면 돼요.

이처럼 스마트 그리드를 구축하면 필요할 때 필요한 만큼만 효율적으로 전력을 공급하므로 발전소의 수도 줄일 수 있고, 가정에서는 전력을 저렴하게 사용할 수 있어요. 스마트 그리드는 사용자와 공급자 모두에게 이득이 되는 에너지 공급 시스템이군요.

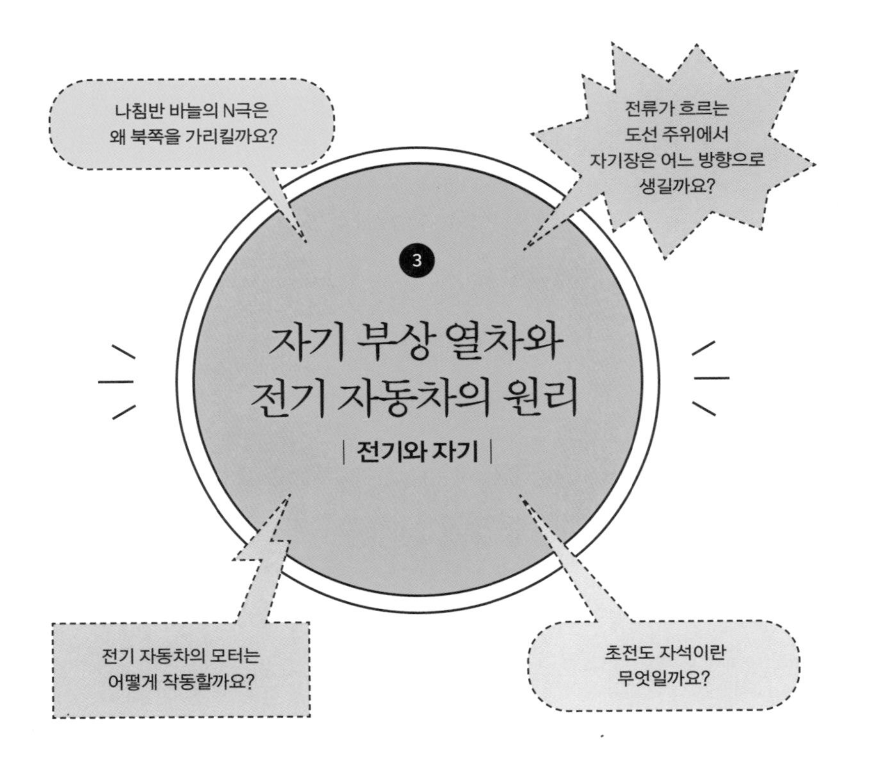

여러분, 앞서 전기에 대해 많은 것을 배웠는데, 그중에는 코일을 통과하는 자기장이 변하면서 코일에 전류가 흐르는 전자기 유도 현상도 있었어요. 기억나지요? 이번에는 전류가 흐르면 그 주위에 자기장이 나타나는 현상을 알아볼 거예요. 아하, 초등학교 때 이미 배웠다고요? 예, 맞아요. 하지만 지금부터는 이 외에도 전자석과 전동기의 작동 원리 등 더욱 흥미로운 이야기가 기다리고 있답니다. 자, 이제 전류와 자기장의 세계로 들어가 볼까요?

나침반이 방향을 알려주는 이유

지금은 스마트폰에 있는 GPS로 여러분의 위치를 쉽게 알 수 있어요. 하지만 이탈리아의 탐험가인 크리스토퍼 콜럼버스가 범선을 타고 대양을 항해하던 시절, 그러니까 15~16세기 대항해 시대에는 바다에서 길을 잃고 헤매다가 사망하는 경우가 많았죠. 그나마 배를 타고 멀리 대양으로 나갈 수 있게 된 것은 나침반 덕분이었어요. 나침반은 자석으로 된 바늘자침을 이용해 방향을 찾는 도구거든요.

그렇다면 나침반의 바늘은 어떻게 방향을 가리킬 수 있는 걸까요? 이쯤에서 자석의 성질을 한번 떠올려본 후 다시 이야기를 이어갈게요.

잠깐! 초등개념

자석의 성질과 이용

자석은 클립이나 철사 등 철로 된 물체를 끌어당기는 성질이 있어요. 자석에는 N극과 S극이 있는데, 철을 끌어당기는 힘은 이 두 개의 극 부분이 가장 세죠. 그리고 자석의 N극은 북쪽을, S극은 남쪽을 가리켜요. 이처럼 자석은 항상 일정한 방향을 가리킨답니다. 나침반은 자석의 이런 성질을 이용해 만들었으며, 나침반 바늘의 N극은 북쪽을 가리켜요.

자석 사이에는 힘이 작용하는데, 자석을 다른 자석에 가까이 가져가면 같은 극끼리는 서로 밀어내고, 다른 극끼리는 서로 끌어당기죠. 그래서 자석 주위에 나침반을 두면, 나침반 바늘이 원래 가리키던 방향이 아닌 자석의 극 방향을 가리키게 돼요. 이때 나침반 바늘의 N극은 자석의 어느 극을 가리킬까요? 그렇죠. 다른 극끼리는 서로 끌어당기는 힘이 작용하므로, 자석의 S극을 향하게 돼요.

자석은 나침반 외에도 필통 뚜껑이나 가방 단추, 칠판, 다트판, 드라이버 등 우리 생활에서 다양하게 이용됩니다. 또는 자석의 성질을 이용해 정보를 저장하기도 해요. 컴퓨터 본체에 들어 있는 하드 디스크나 자기 테이프가 붙어 있는 마그네틱 카드가 그 예죠. 과거에 많이 사용했던 카세트테이프, 컴퓨터 외부 기억 장치인 플로피 디스크 등도 이런 예인데 지금은 거의 사라졌어요.

나침반 바늘의 N극은 북쪽을 가리켜요. 그 이유는 지구의 북쪽에 S극이 있기 때문이지요. 자석은 같은 극끼리는 서로 밀어내는 힘척력이 작용하고, 다른 극끼리는 서로 끌어당기는 힘인력이 작용하거든요. 이렇게 자석 사이에 작용하는 힘을 **자기력**이라고 합니다.* 그리고 자석 주위와 같이 자기력이 작용하는 공간을 **자기장**이라고 해요. 자기장의 방향은 자석 주위에 있는 나침반 바늘의 N극이 가리키는 방향이에요. 지구도 하나의 커다란 막대자석처럼 자기장을 형성하고 있기에, 나침반 바늘은 지구의 자기장을 따라 N극이 북쪽을 가리키는 거예요.**

자기장은 눈으로 볼 수 없어요. 하지만 자석 주변에 철가루를 뿌린 후 톡톡 두드리면 자기장에 의해 철가루가 일정하게 늘어선 모양을 볼 수 있죠. 그리고 철가루가 늘어선 모양을 따라 선을 그어주면 자기장을 나타낼 수 있어요. 이렇게 자기장의 모습을 선으로 표현한 것을 **자기력선**이라고 해요. 자기력선은 끊어지거나 교차하지 않고, N극에서 나와서 S극으로 들어가는 모습이에요.

함께 생각해요!

* **자석이 클립을 끌어당기는 원리 :** 자기력은 자석 사이에 작용하는 힘인데, 그렇다면 자석은 클립을 어떻게 끌어당길까요? 이는 자석을 클립에 가까이 가져가면 클립이 일시적으로 자석의 성질을 띠기 때문이에요. 자석에 붙는 금속들은 자석을 가까이 가져가면 잠깐 동안 자석의 성질을 가지게 되어 자석에 끌려오죠. 물론 자석이 없으면 그냥 평범한 금속으로 돌아옵니다.

** **나침반 바늘의 N극이 가리키는 곳 :** 지구는 자전축을 중심으로 자전하고 있지요? 지구상에서 자전축의 북쪽에 해당하는 곳이 지리상 북극, 자전축의 남쪽에 해당하는 곳이 지리상 남극이에요. 그런데 현재 지구 자기장의 축은 지구의 자전축과 일치하지 않아요. 이 지구 자기장의 축이 지표면과 만나는 두 지점을 지자기극이라고 하며, 그중 북쪽에 있는 극을 자북극, 남쪽에 있는 극을 자남극이라고 하죠. 그리고 자북극은 자석의 S극의 성질을, 자남극은 자석의 N극의 성질을 띠어요. 그러니까 나침반 바늘의 N극은 자북극 방향을 가리켜요.

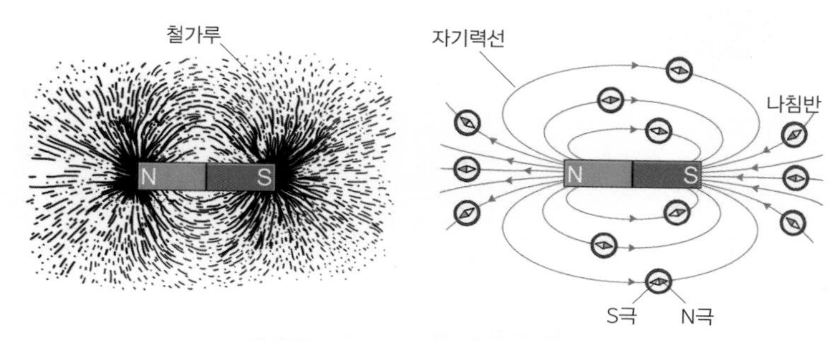

▲ 막대자석 주위의 자기력선과 자기장의 방향

자기장의 세기는 자석의 양극에 가까울수록 세요. 자기력선의 모양을 보면 자기장의 세기를 알 수 있는데, 자기장이 센 곳은 자기력선의 간격이 더 촘촘하죠. 자기장을 확인하는 데는 나침반을 사용할 수도 있어요. 나침반 바늘의 N극이 가리키는 방향을 따라 선을 이어 주면 자기력선을 그릴 수 있지요.

전류가 흐를 때만 자석이 된다고?

여러분이 초등학교 때 배웠듯이, 자기장은 자석 주위에만 있는 것이 아니라, 전류가 흐르는 도선 주위에도 생깁니다.

잠깐! 초등개념

전류에 의해 나타나는 자석의 성질

전선에 전류가 흐르면 그 주위에 있는 나침반 바늘이 움직여요. 전선을 나침반의 바늘 방향과 일치하도록 나침반 위에 놓아볼게요. 그런 후 전선에 전류를 흐르게 하면 나침반 바늘이 움직입니다. 이는 전류가 흐르는 전선 주위에 자석의 성질이 나타나기 때문에 관찰되는 현상이에요. 이때 전류의 방향을 반대로 바꾸면 나침반 바늘이 움직이는 방향도 반대로 바뀌죠.

전자석은 전선에 전류가 흐를 때 자석의 성질이 나타나는 현상을 이용한 자석이에요. 전류가 흐를 때만 자석이 되므로 전자석이라고 부르죠. 전자석을 만드는 방법은 간단해요. 쇠못에 전선을 많이 감고 전류를 흐르게 하면 전자석을 만들 수 있지요. 이때 센 전자석을 만들고 싶다면 전선을 촘촘하게 많이 감거나 전류의 세기를 증가시키면 돼요. 또한 쇠못이 없을 때보다 쇠못이 있을 때 전자석의 세기가 더 세죠. 한편 나침반을 이용하면 전자석에도 N극과 S극이 있다는 것을 확인할 수 있으며, 전류의 방향이 바뀌면 전자석의 극도 바뀐답니다.

전류가 흐르는 도선 주위에 생긴 자기장의 모양을 알고 싶으면, 앞서 말했듯이 철가루를 뿌리면 돼요. 그리고 이 자기장의 방향을 알고 싶으면, 나침반을 전류가 흐르는 도선 주위에 놓은 후 나침반 바늘의 N극이 가리키는 방향을 확인하면 돼요. 이때 도선의 전류 방향이 바꾸면 자기장의 방향도 바뀌어요. 한편 전류가 흐르는 도선 주위의 자기장은 도선에 흐르는 전류에 의해 만들어지므로 전류의 세기에 비례해요. 즉, 전류가 셀수록 자기장의 세기도 세죠. 또한 도선에 가까울수록 자기장의 세기가 세집니다.

그럼 도선 주위에 생긴 자기장은 어떤 모양일까요? 그리고 이 자기장의 방향을 쉽게 알 수 있는 방법은 없을까요? 아래 그림을 보면서 먼저 직선 도선 주위의 자기장에 대해 알아볼게요. 전류가 흐르는 직선 도선 주위에서는 도선을 중심으로 동심원 모양의 자기장이 만들어져요. 그리고 오른손을 들어 전류가 흐르는 방향으로 엄지손가락이 향하도록 도선을 감아쥐면 나머지 네 손가락이 가리키는 방향이 자기장의 방향입니다. 참고로 이를 **앙페르의 오른나사의 법칙**이

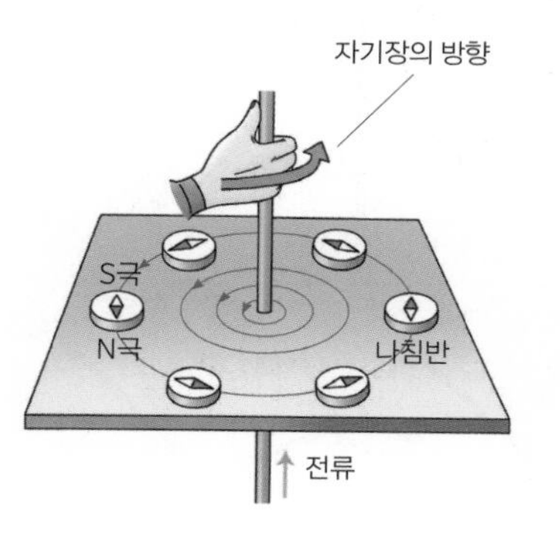

▲ 직선 도선 주위의 자기장

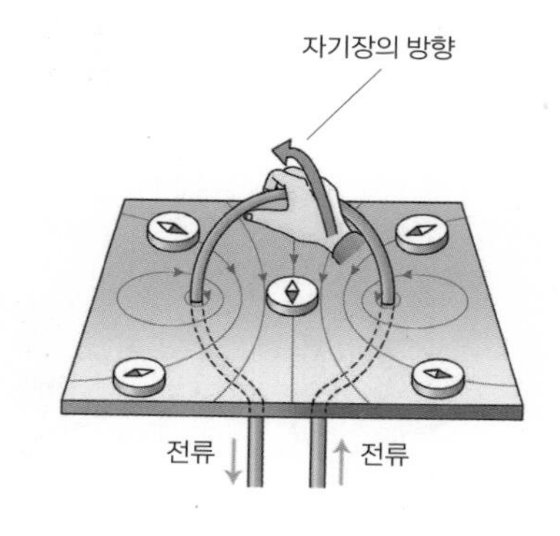

▲ 원형 도선 주위의 자기장

라고 해요. 이는 앙페르가 발견한 법칙으로, 오른나사를 진행시킬 때 나사의 머리를 시계 방향으로 돌려주는 것과 방향성이 같아서 이런 이름이 붙었지요.

원형 도선 주위의 자기장은 어떨까요? 원형 전류의 경우도 직선 전류와 마찬가지로, 전류가 흐르는 방향으로 오른손 엄지손가락이 향하도록 도선을 감아쥐면 나머지 네 손가락이 가리키는 방향이 자기장의 방향이에요.

코일은 도선이 스프링 모양으로 감겨 있는 것을 말해요. 코일은 원형 도선이 여러 개 겹친 모양이므로, 자기장의 모양도 원형 전류가

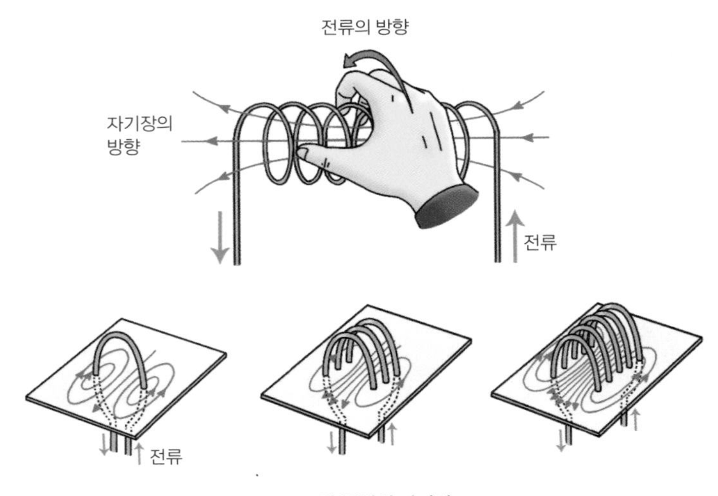

▲ 코일 주위의 자기장

겹친 모양으로 나타나죠. 그런데 오른손을 이용해서 코일 주위의 자기장의 방향을 알아볼 때는 직선 도선이나 원형 도선의 경우와 달라요. 이때는 오른손의 네 손가락을 전류가 흐르는 방향으로 감아쥐면, 엄지손가락이 가리키는 방향이 코일 내부에서의 자기장 방향이죠. 그리고 코일 주위의 자기장 모양을 전체적으로 보면 코일 내부에서는 직선 모양이고, 코일 외부에서는 막대자석에 의한 자기장의 모양과 비슷해요.

자석에는 막대자석이나 말굽자석 같은 영구 자석과 전류가 흐르면 일시적으로 자석의 성질을 띠는 전자석이 있어요. 영구 자석은 일상생활에서 다양하게 이용되죠. 냉장고나 가구의 문이 잘 닫히도록 자석을 붙이거나, 자석 단추를 달아 가방을 쉽게 여닫거나, 칠판에 메모지를 붙일 때도 자석을 이용해요. 여러분도 배달된 치킨에 함께 온 자석 쿠폰을 냉장고 문에 붙여둔 적이 있을 거예요.

전자석은 전류가 흐르는 코일 속에 철심을 넣어서 전류가 흐를 때만 자기장이 생기도록 만든 자석이에요. 코일 속에 철심을 넣은 이유는 자기장의 세기를 증가시키기 위해서, 즉 더 센 전자석을 만들기 위해서죠. 전자석은 전류의 세기에 따라 자석의 세기를 쉽게 조절할 수 있고, 전류를 차단하면 자석의 성질을 잃기 때문에 영구 자석보다 이용하기 편리하다는 장점이 있어요.

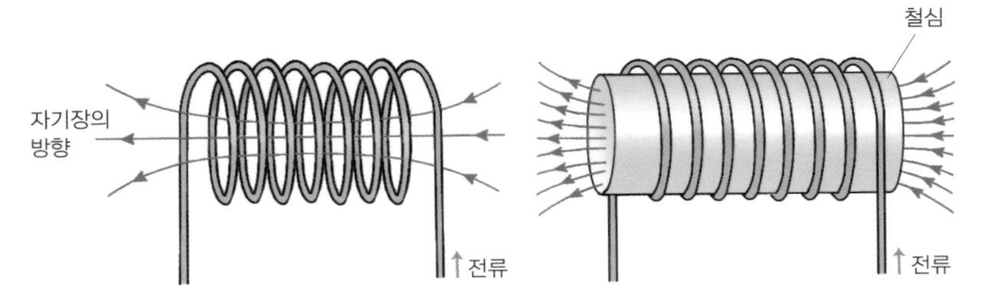

▲ 코일과 철심으로 이뤄진 전자석의 구조

그렇다면 전자석은 우리 생활에서 어디에 이용될까요? 고물상에서 고철을 들어 올려 이동하는 기중기를 본 적이 있을 텐데요. 그중 전자석 기중기는 고철을 들어 올릴 때는 자석의 성질을 띠지만, 고철을 내려놓을 때는 자석의 성질을 잃어버리는 원리를 이용한 거예요. 전자석 중 특히 강력한 자석으로는 초전도 자석이 있어요. **초전도 자석**은 초전도 현상을 이용한 자석으로, 자기 부상 열차나 자기 공명 영상 장치MRI 장치, 입자 가속기 등 강력한 자기장이 필요한 곳에 사용된답니다. 초전도 자석에 대해선 '아하! 심화 개념'에서 조금 더 알아볼게요.

달려라,
전기 자동차

요즘에는 도로에서 전기 자동차를 종종 볼 수 있어요. 전기 자동차는 엔진이 아니라 모터전동기로 움직이기 때문에 훨씬 조용하게 움직이죠. 사실은 너무 조용해서 자동차가 오는지 알려주기 위해 일부러 자동차의 소리를 만들어낼 정도랍니다. 전기 자동차의 모터는 전기로 작동하므로, 전기 자동차에는 연료를 넣는 것이 아니라 충전을 해서 전기를 공급해요. 그렇다면 전기 자동차의 모터는 어떻게 자동차를 움직이게 할까요?

두 자석을 가까이 하면 자기력이 작용해 서로 끌어당기거나 밀어내요. 마찬가지로 전류가 흐르는 도선이 자석의 자기장 속에 놓이면, 도선은 전류에 의한 자기장과 자석에 의한 자기장의 영향으로 힘자기력을 받아 움직여요. 이때 도선이 받는 힘의 방향은 전류의 방향과 자석 자기장의 방향에 따라 변하죠. 그럼 이 힘의 방향은 어느 쪽일까요? 먼저 오른손을 편 후 네 손가락을 자석 자기장의 방향으로 향하도록 하고, 엄지손가락을 전류의 방향으로 향하도록 해보세요. 그러면 손바닥이 향하는 방향이 바로 도선이 받는 힘의 방향이에요.*

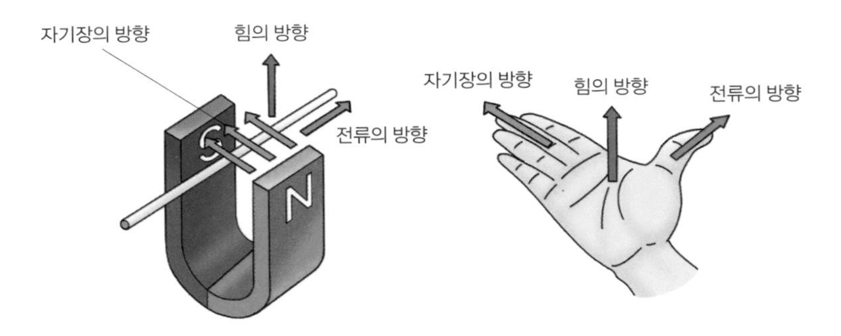

▲ 자기장 속에서 전류가 흐르는 도선이 받는 힘

다음 그림은 전기 그네라는 실험 장치예요. 말굽자석 사이에는 자기장이 형성되어 있으므로 전기 회로의 스위치를 닫아서 코일도선에 전류가 흐르면 전기 그네가 움직이죠. 전류가 흐르는 코일 주위에서 자석에 의한 자기장과 전류에 의한 자기장이 형성되어 코일에 힘

함께 생각해요!

* **플레밍의 왼손 법칙 :** 자기장 속에서 전류가 흐르는 도선이 받는 힘의 방향을 찾는 다른 방법도 있어요. 이번에는 왼손의 엄지손가락, 집게손가락, 가운뎃손가락을 서로 수직이 되도록 펴보세요. 그런 후 집게손가락을 자기장의 방향과 맞추고 가운뎃손가락을 전류의 방향과 맞춥니다. 그러면 엄지손가락이 도선이 받는 힘의 방향이 돼요. 이를 '플레밍의 왼손 법칙'이라고 해요. 참고로 이 법칙을 발견한 존 플레밍은 영국의 전기 공학자로, 이 분야에서 많은 업적을 남겼어요.

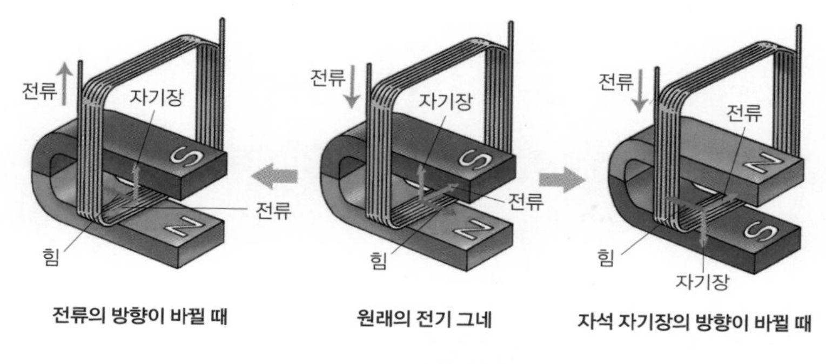

▲ 전기 그네의 구조와 원리

이 작용하는 거예요. 이때 전류의 방향을 반대로 하거나, 자석 자기장의 방향을 반대로 하면 전기 그네가 움직이는 방향코일이 받는 힘의 방향도 반대가 돼요. 따라서 자석의 방향과 전류의 방향을 동시에 바꾸면 그네가 움직이는 방향은 그대로예요.전기 그네의 움직임을 알아볼 때 자석 밖에 있는 코일은 고려하지 않아도 돼요. 이제 앞서 배운 대로 그림에 오른손을 펴서 대보고 실제로 전기 그네의 방향이 어느 쪽으로 움직이는지 확인해보세요. 설명을 듣고 넘어가기보다는 스스로 확인하는 습관이 중요하답니다.

자, 이제 전동기의 원리를 살펴볼 차례군요. 전동기는 전기 에너지를 역학적 에너지로 전환하는 기계로, 흔히 모터라고 불러요. 전동기는 선풍기, 세탁기, 전기 자동차 등 다양한 전기 기구에 이용되고 있죠. 전동기는 자석과 코일로 구성되는데, 자석 사이에 코일이 있어서 전류가 흐르면 코일이 회전하는 구조예요.

아래 그림은 전동기의 구조를 단순하게 나타낸 거예요. 실제로는 도선이 코일 모양으로 감겨 있지만, 이해하기 쉽게 사각형 모양으로 그렸어요. 이제 코일에 흐르는 전류의 방향과 자석 자기장의 방향을 잘 보세요. 그러면 코일이 어느 방향으로 회전할지 알 수 있어요.

먼저 그림의 (가)부터 살펴볼게요. 코일의 AB 부분에서 전류는 B→A 방향으로 흐르고 자기장의 방향은 왼쪽에서 오른쪽N극에서 S극이므로, 오른손을 이용하면 손바닥이 위쪽으로 향해요. 이는 AB 부분이 위쪽으로 힘을 받는다는 뜻이죠. 같은 원리로 코일의 CD 부분에서 오른손을 이용해 힘의 방향을 찾아보면, CD 부분은 아래쪽으로 힘을 받아요. 따라서 코일은 시계 방향으로 회전하게 됩니다. 그럼 코

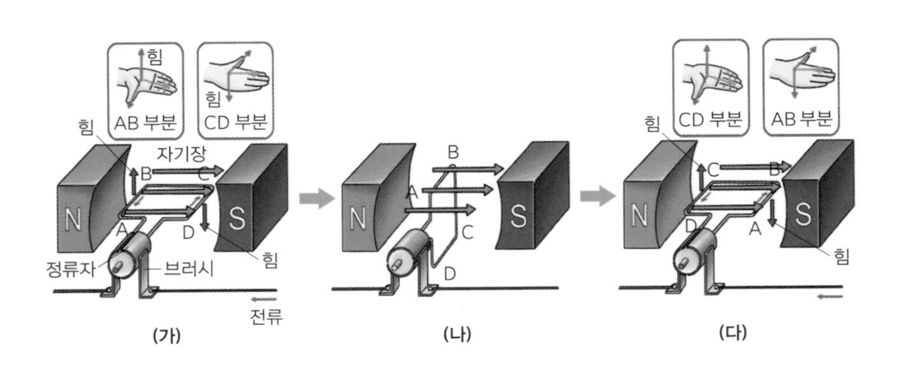

▲ 전동기의 구조와 원리

일의 AD와 BC 부분은 어떻게 될까요? 이 두 부분은 자기장의 방향과 전류의 방향이 나란해서 아무런 힘도 받지 않아요. 자기장 속에서 전류가 흐르는 코일은 전류와 자기장의 방향이 서로 수직일 때 최대의 힘을 받고, 나란한 방향일 때는 아무런 힘도 받지 않거든요.

이번에는 그림의 (나)를 보세요. AB 부분이 시계 방향으로 90° 회전해서 코일이 이루는 면이 자기장의 방향과 수직이군요. 이때 주의깊게 볼 것은 정류자예요. 정류자는 코일이 일정한 방향으로 회전할 수 있도록 해주는 장치로, 중간에는 전기가 통하지 않는 절연체가 들어 있는 두 개의 금속 조각으로 구성되죠. 그림을 자세히 보면 정류자가 반원통 모양의 두 조각으로 나뉘어 있지요? 그러므로 (나)의 경우 정류자의 절연 부분이 전기 회로와 연결된 브러시 쪽으로 가서 전류가 흐르지 않고, 코일은 회전하던 그대로 운동하게 됩니다.

이제 그림의 (다)를 볼까요? 코일이 회전해서 (가)와 반대쪽으로 갔을 때, 코일의 AB 부분에서 전류는 A →B 방향으로 흐르므로 AB 부분은 아래쪽으로 힘을 받아요. 같은 원리로 코일의 CD 부분은 위쪽으로 힘을 받지요. 따라서 코일은 시계 방향으로 회전하게 돼요. 이런 원리로 전동기는 계속 같은 방향으로 회전할 수 있어요.

아하! 심화개념

초전도 자석으로 무거운 열차도 띄울 수 있다고?

초전도체superconductor는 매우 낮은 온도에서 전기 저항이 0인 물질이에요. 금속의 전기 저항은 온도가 내려가면 조금씩 감소하는데, 어떤 물질은 전기 저항이 감소하다가 아예 사라져버리죠. 1911년에 네덜란드의 물리학자인 헤이커 오네스는 수은의 온도를 점점 낮췄더니 약 −269℃절대온도 4.2K에서 전기 저항이 사라지는 현상을 발견했어요. 그리고 이 현상을 '초전도 현상'이라고 불렀습니다.

초전도체는 전기 저항이 없으므로 전류가 열 손실 없이 흐를 수 있어요. 전기 기구를 오래 사용하면 열이 나지요? 이 열은 전기 저항에 의해 발생해요. 발전소에서 전기를 보낼 때도 이런 열 손실을 피할 수 없어요.

그런데 초전도체를 사용하면 열이 발생하지 않으니 많은 전류를 흐르게 해도 문제가 생기지 않겠죠? 이는 엄청 강한 전자석을 만들 수 있다는 의미예요. 강한 전자석을 만들기 위해서는 전선을 촘촘히 감거나 많은 전류를 흐르게 해야 하는데, 전류가 많이 흐르면 열이 발생하고 이에 따른 전력 손실도 생겨요. 하지만 초전도체로는 강한 전자석을 만들 수 있죠. 그리고 이렇게 강한 전자석을 이용해 자기 부상 열차나 자기 공명 영상 장치MRI 장치 등을 만들 수 있게 되었답니다.

여기서 잠깐 MRI 장치의 원리를 간단히 알아볼까요? 사람이 터널 같은 MRI 장치 안으로 들어가면 외부에서 강한 자기장을 걸어주는데, 이때 우리 몸을 이루는 수소의 원자핵이 반응해요. 그러면 이 반응 신호를 측정해서 몸속을 영상화하는 거예요. 이 MRI 장치의 강한 자기장을 만드는 데 초전도 자석이 이용되지요.

초전도체의 또 다른 특징은 완전 반자성을 가진다는 거예요. 반자성은 외부에서 물체에 자기장을 걸어주면 자기장의 방향과 반대 방향으로 자기장이 형성되는 성질을 말해요. 여러분, 혹시 초전도체가 공중에 떠 있는 모습을 본 적이 있나요? 이는 초전도체가 외부 자기장을 밀어내기 때문에 생기는 현상이에요. 사실 많은 물질이 반자성을 가지지만 너무 약해서 강한 자석을 사용하지 않으면 잘 관찰할 수 없어요. 하지만 초전도체는 반자성이 강해서 외부 자기장을 밀어내고 공중에 뜰 수 있습니다. 이를 '마이스너 효과'라고 불러요. 아하, 그래서 레일 위로 살짝 떠서 움직이는 자기 부상 열차에 초전도 자석이 이용되는군요!

이처럼 활용도가 많은 초전도체지만 문제점도 있어요. 냉각기로 온도를 낮춘 상태에서 사용해야 한다는 거예요. 그래서 세계의 과학자들은 지금도 상온에서 초전도 현상을 보이는 물질을 찾기 위해 많은 노력을 기울이고 있어요. 어쩌면 여러분이 그 주역이 될지도 모르겠군요.

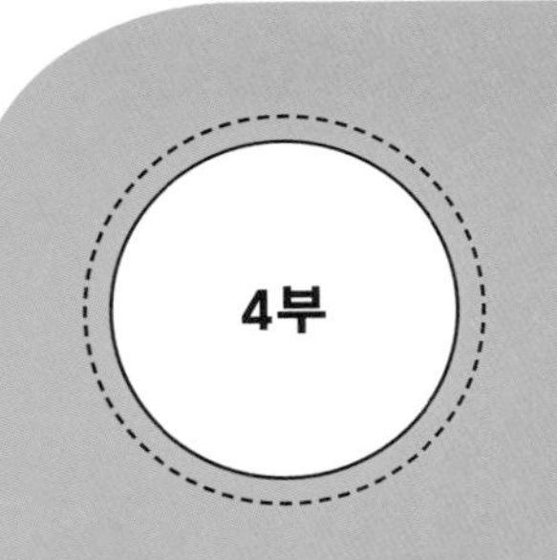
4부

열은 우리 생활에 어떤 영향을 미칠까

불을 사용한 이후 인류는 다양한 음식을 먹고 따뜻한 공간에서 주거할 수 있게 되었어요. 불에 익힌 음식을 먹으면서 대뇌가 발달해 문명사회를 이루게 되었고요. 18세기에는 물을 끓일 때 생긴 증기로 움직이는 증기 기관을 개량해, 물건을 대량 생산하는 산업 혁명이 시작되었지요. 여러분 집에서도 요리를 하거나 보일러로 집 안을 따뜻하게 하는 등, 불을 일상적으로 사용하죠? 불을 사용한다는 것은 필요한 열을 얻는다는 뜻이기도 해요. 그렇다면 열은 어떤 특성이 있을까요?

온도는 무엇을 의미할까?

우리는 여름철에는 가볍고 얇은 옷을 입지만, 겨울철에는 두꺼운 외투를 입어요. 덥거나 춥지 않게 체온을 유지해야 생활하는 데 불편함을 느끼지 않고, 건강도 지킬 수 있으니까요. 덥거나 춥다는 것은 체온몸의 온도에 비해 기온대기의 온도이 높거나 낮다는 뜻이죠.

재미있는 점은, 사람마다 온도 감각이 달라 같은 온도의 물속에 들어가도 누구는 미지근하다고 느끼고 누구는 따뜻하다고 느낀다는 거예요. 뿐만 아니라 한 사람이 느끼는 차갑거나 따뜻한 정도도 상황에 따라 달라요. 어떤 사람이 오른손을 10℃의 물에, 왼손을 40℃의 물에 넣은 상황을 생각해볼게요. 잠시 후 그 사람이 25℃의 물에 두 손을 넣으면 어떻게 느낄까요? 분명 같은 온도의 물에 두 손을 넣었지만, 10℃의 물에 있던 오른손은 따뜻하다고 느끼는 반면에 40℃의 물에 있던 왼손은 차갑다고 느끼게 됩니다. 이렇게 사람의 온도 감각은 미덥지가 못해요. 그래서 온도를 측정하는 객관적인 도구, 즉 물체의 차갑거나 따뜻한 정도를 수치로 나타내는 온도계가 필요해요.

잠깐! 초등개념

온도의 측정과 열의 이동

온도는 물체의 차갑거나 따뜻한 정도를 객관적인 방법으로 정확하게 나타내줘요. 온도의 단위로는 보통 ℃섭씨도를 사용하죠. 온도는 온도계로 측정하는데, 흔히 체온은 귀 체온계로, 고체 표면의 온도는 적외선 온도계로, 액체나 기체의 온도는 알코올 온도계로 측정해요. 이 중 알코올 온도계는 온도에 따라 알코올의 부피가 변하는 성질을 이용한 거예요. 그래서 알코올에 빨간색 색소를 넣어 잘 보이도록 만들죠. 알코올 온도계로 온도를 측정할 때는 알코올이 더 이상 움직이지 않을 때 눈금을 읽으면 돼요.

온도가 다른 두 물체가 접촉하면 열의 이동이 일어나는데, 열은 온도가 높은 물체에서 낮은 물체로 이동해요. 그래서 온도가 높은 물체는 온도가 낮아지고, 온도가 낮은 물체는 온도가 높아져요. 그러다가 시간이 충분히 지나면 두 물체의 온도가 같아집니다. 예를 들어, 미지근한 음료수를 시원하게 마시고 싶어서 음료수 캔을 찬물에 넣어두면, 캔 속 음료수의 온도는 내려가고 찬물의 온도는 올라가죠.

초등학교 때 여러분은 **온도**란 물체의 차갑거나 따뜻한 정도를 수치로 나타낸 것이라고 배웠어요. 이번에는 온도를 조금 더 구체적으로 알아볼게요. 모든 물질은 분자라는 입자로 이뤄져요. 앞서 물질을 구성하는 기본 단위를 원자라고 했죠? 분자는 이 원자들이 모여 만들어져요. **분자**란 간단히 말해 '독립된 입자로 존재하면서 물질의 성질을 나타내는 가장 작은 입자'라고 이해하면 됩니다. 지금부터는 분자를 '물체를 이루는 입자'라고 표현할게요.

그런데 물체를 이루는 입자는 제자리에 가만히 있는 것이 아니라 끊임없이 운동해요. 입자의 운동 정도는 물질의 상태에 따라 다른데, 기체 입자는 공간을 활발하게 돌아다니고, 액체 입자는 그릇 안에서 바쁘게 운동하죠. 그렇다면 얼음 같은 고체의 입자도 운동할까요?

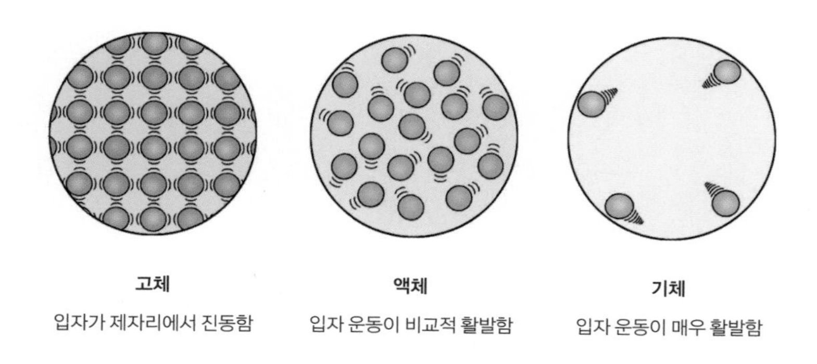

▲ 물질의 상태와 입자의 운동

예, 고체 입자도 운동합니다. 기체나 액체처럼 자유롭게 돌아다니지는 못하지만, 용수철이 움직이듯 제자리에서 진동하죠. 정리하면 고체 → 액체 → 기체로 갈수록 입자의 운동이 활발해요. 또한 같은 물질이라도 온도가 높을수록 입자가 더 활발하게 움직여요. 설탕은 뜨거운 물과 찬물 중 어느 쪽에서 더 잘 녹나요? 맞아요. 뜨거운 물에서 더 잘 녹죠. 뜨거운 물의 입자가 더 활발하게 운동하기 때문이에요. 이는 입자의 운동이 활발할수록 온도가 높다는 의미예요. 즉, 온도는 '물체를 이루는 입자의 운동이 활발한 정도'를 나타낸 것입니다. 온도가 높을수록 입자 운동이 활발한 것은 기체나 액체뿐 아니라 고체에서도 마찬가지여서, -5℃ 얼음의 물 입자가 -15℃ 얼음의 물 입자보다 더 활발하게 진동해요.

온도는 온도계로 측정하는데, 일상생활에서는 온도를 나타내는 단위로 ℃를 많이 사용해요. 이 **섭씨온도**는 스웨덴의 물리학자인 안데르스 셀시우스가 고안한 온도 체계예요. 1기압일 때 기압은 대기의 압력으로, 1기압은 76cm 수은 기둥의 압력과 같아요. 물이 어는 온도 어는점 를 0℃, 물이 끓는 온도 끓는점 를 100℃로 정한 후 그 사이를 100등분한 거죠.*

온도를 측정하는 일은 매우 중요해요. 건강에 이상이 있는지 확인할 때는 가장 먼저 체온을 재지요? 우리 몸에 병원체 병의 원인이 되는 세균이나 바이러스 등 가 침입하면 이를 물리치기 위해 몸이 체온을 올리기 때

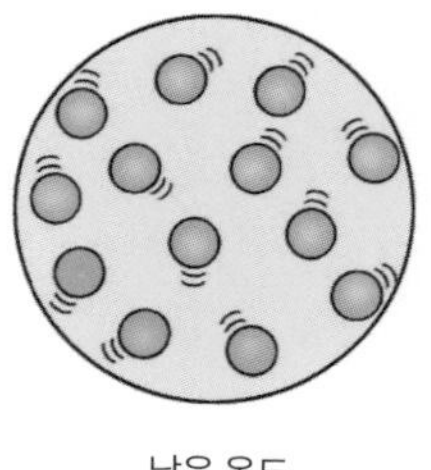
낮은 온도

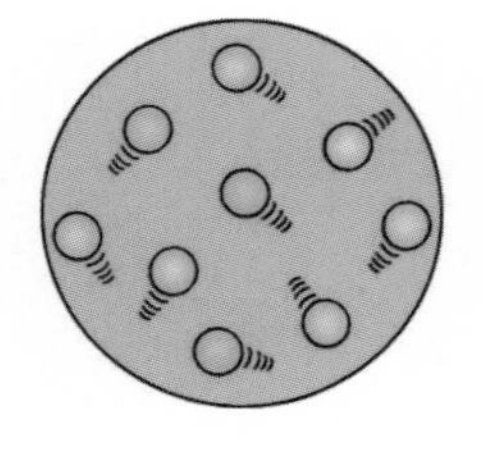
높은 온도

▲ 온도에 따른 입자의 운동

문이에요. 체온이 변했다는 것은 몸에 이상이 있다는 가장 확실한 징후죠. 또한 건강을 위해서는 집 안의 온도를 적당하게 유지해야 하며, 요리할 때도 적절한 온도인지 확인해야 해요. 농사를 짓거나 농

함께 생각해요!

* **화씨온도와 절대온도 :** 온도를 나타내는 방법으로는 화씨온도와 절대온도도 있어요. 화씨온도는 미국과 같은 일부 국가에서 사용하고, 과학 연구에서는 절대온도를 사용해요. 화씨온도의 단위는 °F(화씨도), 절대온도의 단위는 K(켈빈)이에요. 화씨온도는 독일의 물리학자인 다니엘 파렌하이트가 고안했어요. 이는 물의 어는점을 32°F, 끓는점을 212°F로 정한 후 그 사이를 180등분한 온도 체계죠. 그리고 절대온도는 물체를 이루는 입자들의 운동 상태에 따른 온도 체계예요. 절대온도는 입자들이 전혀 운동하지 않는(입자의 운동 에너지가 0인) −273.15℃를 0K으로 정하며, 섭씨온도와 눈금 간격이 같아요.

장에서 가축을 기를 때도 식물이나 동물이 자라기에 적합한 온도를 유지해야 한답니다.

열은 계속 이동할까?

온도가 서로 다른 두 물체가 있을 때 온도가 높은 물체에서 낮은 물체로 이동하는 에너지를 **열**이라고 해요. 물이 높은 곳에서 낮은 곳으로 흐르듯, 열은 스스로 온도가 높은 쪽에서 낮은 쪽으로 이동해요.

열의 이동은 삶은 달걀을 떠올리면 이해하기 쉬워요. 달걀을 삶기 위해 냄비에 물과 달걀을 넣고 가열하면, 열이 뜨거운 물을 통해 달걀로 이동해요. 그리고 달걀이 다 삶아지면 찬물에 담가두는데, 그러면 달걀의 열이 찬물로 이동해 달걀이 빠르게 식죠. 그럼 찬물에 넣은 달걀의 온도와 찬물의 온도는 시간이 지나면서 어떻게 변할까요? 달걀의 온도는 내려가고, 반대로 찬물의 온도는 올라갑니다. 이 현상은 달걀의 온도와 찬물의 온도가 같아질 때까지 계속 일어나요. 그리고 이렇게 온도가 다른 두 물체가 접촉할 때 열이 이동하다가 어느 정도 시간이 지나 두 물체의 온도가 같아진 상태를 **열평형**이라고 해요.

이번에는 찬물이 담긴 수조에 따뜻한 물이 담긴 비커를 넣는 실험을 해볼게요. 그러면 아래 그래프처럼 따뜻한 물에서 찬물로 열이 이동하다가 시간이 지나면 수조에 담긴 물과 비커에 담긴 물의 온도가 같아지는 열평형에 도달하게 돼요. 이때 열평형 전후 물 입자의 운동은 어떻게 다를까요? 열이 이동하기 전에는 따뜻한 물의 입자가 찬물의 입자보다 더 활발하게 운동하겠죠? 그러다가 열이 이동하면서 따뜻한 물의 입자 운동이 점점 둔해지고, 찬물의 입자 운동이 점점

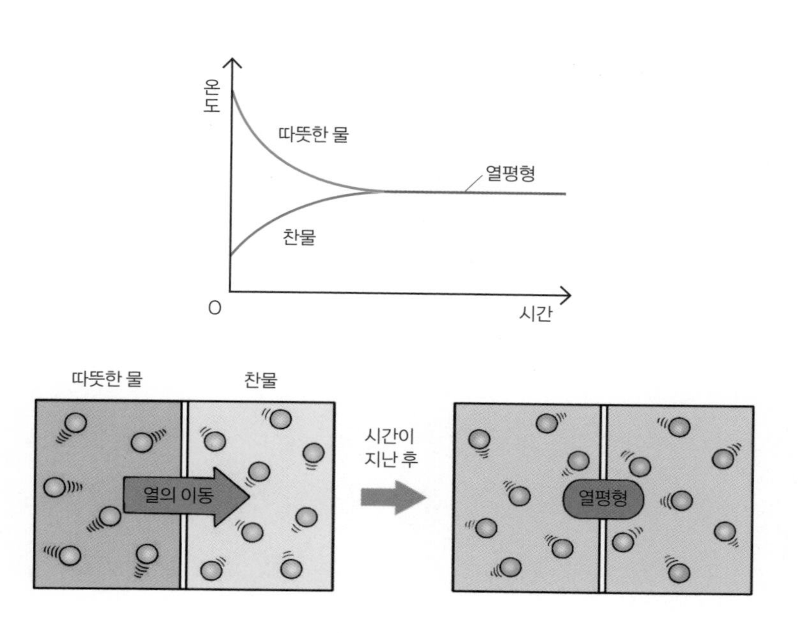

▲ 열평형과 열의 이동에 따른 입자 운동의 변화

활발해져요. 그리고 마침내 열평형에 도달하면 수조에 담긴 물과 비커에 담긴 물의 입자는 운동하는 정도가 같아집니다. 이때 다른 곳으로 이동한 열이 없다면 따뜻한 물이 잃은 열의 양과 찬물이 얻은 열의 양은 같을까요? 예, 같아요. 준만큼 받는 거예요.

만약 이 실험에서 따뜻한 물의 양이 더 많아진다면 실험 결과는 어떻게 다를까요? 이 경우에는 따뜻한 물에 더 가까운 온도에서 열평형이 이뤄져요.

아하! 심화개념

물체의 온도는 어떻게 측정할까?

물체와 직접 접촉해서 온도를 측정하는 온도계를 접촉식 온도계라고 해요. 과학실에서 사용하는 알코올 온도계가 그 예죠. 그런데 접촉식 온도계는 온도계와 물체의 온도가 같아질 때까지 기다려야 하므로, 측정에 시간이 걸려요. 반면, 우리가 학교나 다른 건물을 출입할 때 사용하는 적외선 온도계는 몸에 가까이 가져가기만 하면 금방 체온을 알 수 있지요. 이렇게 물체와 접촉하지 않고도 온도를 측정할 수 있는 온도계를 비접촉식 온도계라고 해요.

비접촉식 온도계는 물체에서 나오는 복사선물체에서 방출되는 전자기파로, '복사'에 대해서는 바로 뒤에서 더 설명할게요.을 감지해서 온도를 측정해요. 모든 물체는 자신의 온도에 해당하는 복사선을 방출하죠. 사람의 몸처럼 온도가 낮은 물체는 적외선을 방출하고, 촛불처럼 온도가 높은 물체는 적외선뿐 아니라 눈으로 볼 수 있는 가시광선도 방출해요. 그리고 태양처럼 온도가 매우 높은 물체는 적외선, 가시광선, 자외선 등을 방출하지요. 비접촉식 온도계가 있어서 용광로의 쇳물처럼 뜨거운 물체의 온도도 측정할 수 있답니다.

그럼 아주 멀리 떨어져 있는 물체의 온도는 어떻게 알 수 있을까요? 별의 표면 온도는 별에서 방출하는 빛을 관측하면, 그러니까 별의 색을 보면 알 수 있어요. 별을 자세히 관찰하면 파란색, 흰색, 노란색, 붉은색 등 다양한 색을 띠는데, 별의 색이 다른 이유는 표면 온도가 다르기 때문이에요. 우리와 가장 가까운 별은 무엇이죠? 예, 태양이에요. 태양처럼 노란색을 띠는 별의 표면 온도는 무려 5,100~6,000K이나 된다고 하며, 태양의 표면 온도는 5,800K 정도예요.

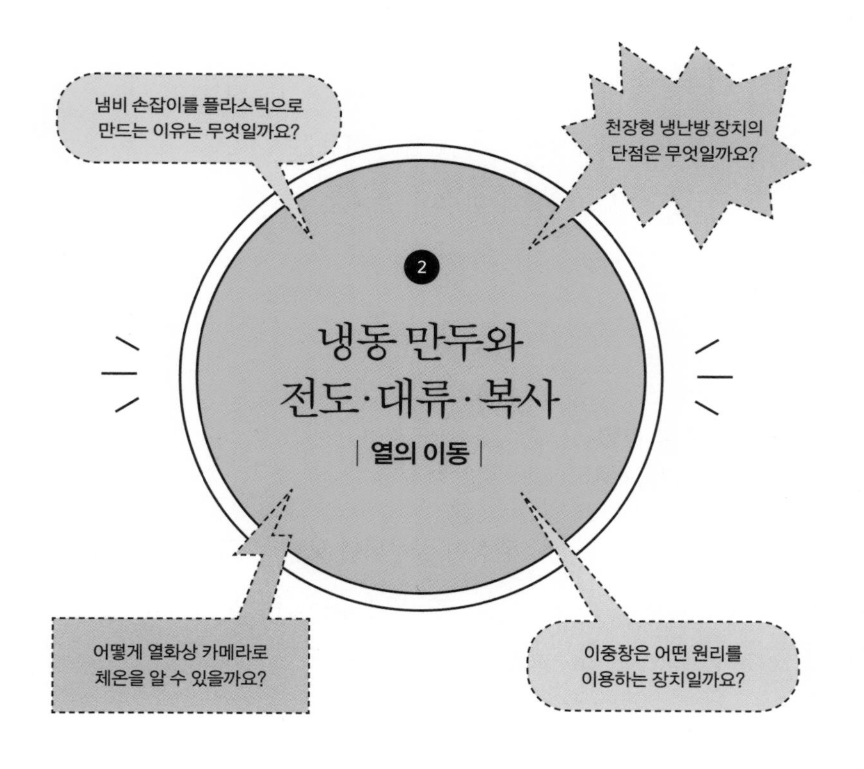

여름철에 땡볕 아래 있으면 너무 덥지요? 그래서 햇빛을 피해 나무 그늘을 찾곤 해요. 또한 여름철에는 시원한 에어컨 바람과 냉장고에서 금방 꺼낸 얼음이 그렇게 고마울 수가 없어요. 그런데 얼음을 먹는 순간 얼음이 갑자기 혀에 붙어서 놀란 적은 없나요? 햇빛을 받으면 더운 이유와 에어컨을 켜면 방 전체가 시원해지는 이유, 혀에 얼음이 붙었다가 떨어지는 이유는 무엇일까요? 이는 모두 열의 이동과 관련이 있어요. 그렇다면 열은 어떻게 이동할까요?

열의 이동 방법: 전도, 대류, 복사

열심히 공부하다 보니 좀 출출해지네요. 먹을 게 없을까 하고 냉장고를 열었더니 냉동 만두가 보여요. 그런데 냉동 만두는 그대로 먹을 수 없기 때문에 열을 가해서 요리해야 하지요. 여러분은 어떤 방법으로 요리할 때 만두가 가장 맛있나요? 프라이팬에 식용유를 살짝 두른 후 구운 바삭한 군만두도 맛있고, 팔팔 끓는 물에 여러 재료를 함께 넣고 끓인 뜨끈한 만둣국도 맛있죠. 배가 너무 고플 때는 만두를 전자레인지에 넣고 간편하게 데워 먹기도 해요.

그런데 이 요리법들 안에 열의 세 가지 이동 방법이 들어 있다는 사실을 알고 있나요?

잠깐! 초등개념

열의 전도와 대류

열은 어떻게 이동할까요? 여러분은 고체에서 열이 이동하는 방법, 그리고 액체와 기체에서 열이 이동하는 방법은 다르다는 사실을 알고 있나요? 고체에서 한 부분을 가열하면 열이 고체 물질을 따라 온도가 낮은 방향으로 이동해요. 이런 열의 이동 현상을 전도라고 합니다.

이때 열이 이동하는 빠르기는 물질의 종류에 따라 달라요. 유리나 나무 같은 물질에서는 열이 느리게 이동하고, 구리나 철 같은 금속에서는 열이 빠르게 이동하죠. 또한 구리와 철에서 열이 이동하는 빠르기를 비교해보면 철보다 구리에서 열이 더 빨리 이동해요.

액체에서 열이 이동하는 방법은 고체에서와 달라요. 수조에 물을 담은 후 수조 아래쪽을 가열하면 어떤 현상이 일어날까요? 이때는 수조 아랫부분의 뜨거워진 물이 직접 위로 이동하고, 위쪽에 있던 물은 아래로 밀려 내려와요. 이 과정을 통해 수조에 담긴 물 전체의 온도가 올라가죠.

기체에서 열이 이동하는 방법은 액체에서와 마찬가지예요. 열기구 속의 공기를 아래쪽에서 가열하면 데워진 공기가 위로 올라가면서 열기구 속 공기 전체의 온도가 올라가요. 그러면 열기구는 하늘 높이 떠오르게 되지요.

이렇게 액체나 기체에서 온도가 높아진 물질이 위로 올라가고, 위에 있던 물질이 아래로 밀려 내려오면서 열이 이동하는 현상을 대류라고 한답니다.

열의 이동 방법에는 크게 전도, 대류, 복사가 있어요. 이 세 현상은 각각 만두의 어떤 요리법과 관련이 있을까요?

먼저 군만두를 요리하는 과정부터 살펴볼게요. 프라이팬이 뜨거워지는 것은 팬의 바닥으로부터 열이 이동하기 때문이에요. 가스레인지의 불로부터 열을 받으면 프라이팬 바닥을 구성하는 금속 입자들이 활발하게 움직이고, 바닥의 입자 운동은 바로 위쪽에 있는 입자에 전달되죠. 이렇게 고체를 이루는 입자의 운동이 이웃한 입자에 전달되어 열이 이동하는 현상을 **전도**라고 해요. 라면을 끓이는 냄비에 젓가락을 넣어두면 뜨겁거나, 손난로를 만지면 따뜻한 이유도 전도를 통해 손으로 열이 전달되기 때문이에요.

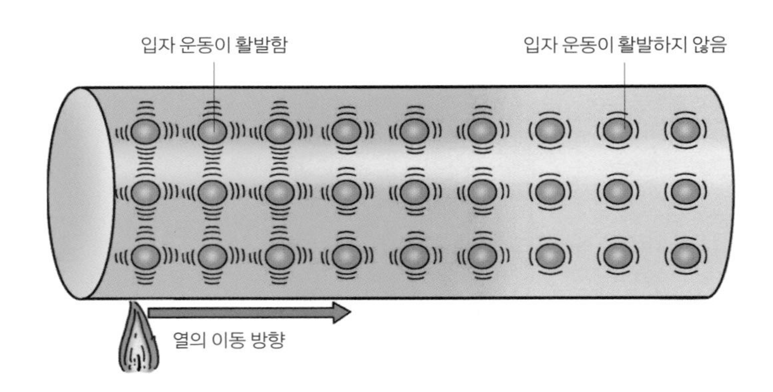

▲ 열의 전도

열을 받은 쪽 입자가 옆에 있는 다른 입자와 충돌하면서 열에너지를 전달한다.

앞서 냉장고에서 금방 꺼낸 얼음이 혀에 붙는 예를 들었는데, 이 역시 혀 표면의 열이 얼음으로 이동하면서 혀가 순간적으로 얼어붙은 겁니다. 그리고 시간이 지나면 혀에서 이동하는 열에 의해 얼음이 녹으면서 떨어지게 되지요. 이때 얼음을 무리하게 떼려 하면 상처가 날 수 있으니 잠시 기다리도록 하세요.

고체에서 열이 전도되는 정도는 고체 물질의 종류에 따라 달라요. 구리·알루미늄·철 같은 금속에서는 열이 잘 이동하지만, 플라스틱·섬유·나무 등을 통해서는 열이 잘 이동하지 않죠. 그래서 냄비의 몸체는 금속으로 만들지만, 냄비의 손잡이는 플라스틱으로 만들어요. 그리고 오븐에서 갓 구운 음식을 꺼낼 때는 천으로 된 주방 장갑을 끼면 뜨거운 그릇으로부터 열이 천천히 이동해 손을 보호할 수 있지요. 열이 잘 전도되는 정도는 일반적으로 전기가 잘 통하는 정도와 거의 같아서, 전기 저항이 작은 구리나 은에서 열도 잘 전도됩니다.

다음은 만둣국을 요리하는 과정이에요. 만둣국을 끓이기 위해 냄비에 물을 넣고 가열하면 냄비 속 물의 온도가 올라가요. 뜨거워진 냄비 바닥에서 전달된 열이 물의 온도를 높이는 거예요. 그런데 고체를 이루는 입자들은 이동할 수 없지만, 액체를 이루는 입자들은 그릇 내부에서 자유롭게 움직일 수 있어요. 그래서 냄비 바닥으로부터 열을 받은 물 입자들은 활발하게 운동하면서 서로 거리가 멀어지는데, 이를 밀도가 낮아졌다고 표현해요.* 밀도가 낮아진 물은 주변보다 상대적으로 가벼워서 위로 올라가고, 위쪽의 찬물은 상대적으로 무겁기 때문에 아래로 내려오죠. 이런 과정을 거쳐 아래쪽의 열이 위쪽으로 전달돼요. 물질의 입자가 자유롭게 움직이면서 열을 전달하는 현상은 기체에서도 일어나요. 이렇게 액체나 기체를 이루는 입자가 직접 이동하면서 열이 이동하는 현상을 **대류**라고 해요.

보일러는 대류를 이용해 방의 온도를 높이는 난방 장치예요. 보일러에서 가열된 물은 방바닥 아래에 설치된 파이프를 통해 순환하고, 그 결과 방바닥의 온도가 올라가죠. 그러면 바닥 쪽의 공기가 따뜻해져서 위로 올라가고 차가운 위쪽 공기는 아래로 내려와요. 이런 대류

함께 생각해요!

* **밀도 :** 물체의 밀도는 단위 부피 안의 질량을 나타내는 값으로, 질량을 부피로 나눠 구할 수 있어요. 같은 부피라도 질량이 작으면 밀도도 작죠. 밀도와 질량과 부피의 관계는 다음과 같은 식으로 나타내요.

$$밀도 = \frac{질량}{부피}$$

를 통해 방 전체의 공기 온도가 올라가는 거예요. 한여름에는 도로의 아스팔트에서 아지랑이가 피어오르는 것을 볼 수 있지요? 이 아지랑이는 가열된 공기가 상승하는 대류 현상으로 인해 나타나요.

일반적으로 벽걸이형 에어컨 같은 냉방 기구는 위쪽에 설치해요. 에어컨에서 나오는 찬 공기가 아래로 내려오고 더운 공기가 위로 올라가면서 공기가 잘 순환되기 때문이죠. 반대로 히터 같은 난방 기구는 아래쪽에 설치해요. 그래야 따뜻한 공기가 위로 올라가고 찬 공기가 아래로 내려오면서 공기가 잘 순환되니까요. 요즘에는 천장형 냉난방 장치도 많이 볼 수 있는데, 이 경우 찬 공기는 방 전체에 전달되지만 따뜻한 공기는 바닥까지 잘 전달되지 않는 단점이 있어요.

마지막으로 만두를 전자레인지에 넣고 데우는 방법을 살펴볼게요. 이때는 전자레인지의 뜨거운 바닥을 통해 열이 전달되거나 뜨거운 공기가 나오는 것이 아니라, 전자레인지의 열이 직접 만두로 이동해요. 이처럼 열이 물질의 도움 없이 직접 이동하는 현상을 **복사**라고 해요. 즉, 복사는 열을 전달하는 물질이 필요 없어요. 그래서 태양에서 방출되는 복사 에너지는 진공 상태인 우주 공간을 지나서 지구로 전달되고, 그 덕분에 지구의 생물들이 적절한 온도에서 살아갈 수 있답니다. 전기난로 앞에 있거나 햇빛이 들어오는 유리창 앞에 있으면 따뜻한 이유도 복사의 형태로 열이 전달되기 때문이에요.

최근에는 코로나19 코로나바이러스감염증-19(COVID-19)로 인해 열화상 카메라로 체온을 측정하는 모습을 자주 보게 되었어요. 이때 어떤 원리로 체온을 측정하는 걸까요? 조금 전 '아하! 심화개념'에서 배웠듯이, 모든 물체는 자신의 온도에 따라 복사 에너지를 방출해요. 사람은 체온이 36.5℃ 정도여서 이에 해당하는 적외선을 방출하죠. 그런데 병에 걸리면 체온이 올라가 높은 온도에서 적외선을 방출하게 돼요. 이를 열화상 카메라의 센서로 감지하는 거예요. 여러분 한 사람 한 사람은 36.5℃에 해당하는 복사 에너지를 방출하는 난로인 셈이네요. 그래서 여름철에 사람들이 많이 모인 곳에 가면 더 더워요.

▲ 전도, 대류, 복사에 의해 이동하는 열

열의 이동을 막아라!

우주 공간으로 가려면 우주복을 입어야 해요. 우주는 진공이라서 우주복을 입지 않으면 숨을 쉴 수 없거든요. 또 다른 이유도 있어요. 우주 공간의 온도가 낮아서 우주복을 입지 않으면 몸이 얼어버릴 수 있지요. 또한 태양빛에 노출되면 순식간에 온도가 올라가므로 우주에서는 우주복을 꼭 입어야 해요. 그럼 지구에서는 왜 우주복 없이도 생활할 수 있을까요? 이는 대기가 우리를 감싸고 있기 때문이에요. 대기는 어떻게 우리를 보호하는지 잠시 후에 알아볼게요.

물질은 열을 잘 전달하는 것이 좋을까요, 아니면 열을 잘 전달하지 않는 것이 좋을까요? 그건 상황에 따라 달라요. 냄비나 프라이팬은 열을 잘 전달하는 것이 좋은 제품이죠. 하지만 냄비나 프라이팬의 손잡이가 열을 잘 전달한다면 손에 화상을 입을 수 있어요. 그래서 양은 냄비를 잡을 때는 조심해야 해요. 손잡이도 냄비 몸체와 같은 물질로 되어 있어서 열을 잘 전달하니까요. 그러니 급한 마음에 맨손으로 양은 냄비를 잡았다가는 위험할 수 있어요.

지금은 냉장고가 없는 집이 거의 없지만 40년 전만 해도 냉장고 없는 집이 많았고, 냉장고가 있어도 크기가 작아서 수박을 넣기는 힘들었어요. 그럴 땐 스티로폼으로 만든 아이스박스를 사용했죠. 이 아이스박스 속에 커다란 얼음과 수박을 같이 넣어두면 한참 동안 시원함을 유지할 수 있었어요. 스티로폼은 공기를 많이 포함하고 있어서 전도에 의해 열이 이동하는 것을 막아주거든요. 이렇게 열의 이동을 막는 것을 **단열**이라고 하며, 스티로폼이나 솜 등 열의 이동을 막는 물질을 **단열재**라고 해요. 집을 지을 때는 벽이나 천장 속에 스티로폼이나 왕겨숯왕겨를 숯으로 만든 것 같은 단열재를 넣어서, 집 안과 외부 사이에서 열이 이동하는 것을 막죠. 그러니까 여름철에는 외부의 높은 열이 집 안으로 들어오는 것을 막고, 겨울철에는 집 안의 열이 외부로 빠져나가는 것을 막아요. 예전에는 석면도 단열재로 사용했지만, 건강에 해롭다는 사실이 밝혀지면서 지금은 사용하지 않아요. 공기는 전도에 의한 열의 이동을 막아서 단열에 이용되는데, 이중창은 이런 성질을 이용한 창이에요. 이중창은 말 그대로 두 장의 유리창 사이에 공기가 있는 층을 두어서 열이 잘 전달되지 않도록 하죠.

추운 겨울이라도 온실이나 비닐하우스 안에 들어가면 바깥보다 따뜻해요. 이는 온실의 유리나 비닐하우스의 비닐이 태양에서 오는 복사 에너지는 잘 통과시키지만, 땅에서 방출되는 복사 에너지는 밖으로 빠져나가지 못하게 막기 때문이에요. 마찬가지로 지구의 대기도 태양에서 오는 태양 복사 에너지는 잘 통과시키지만, 지구에서 방출하는 복사 에너지는 지구의 온도를 높인 후 서서히 빠져나가게 해요. 이렇게 대기가 온실의 유리처럼 지구의 평균 기온을 높게 유지하는 현상을 **온실 효과**라고 합니다.

보온병도 단열을 이용한 저장 용기예요. 보온병은 스테인리스나 플라스틱 통 속에 병이 들어 있어요. 바로 이 병의 이중벽 사이가 진공이라 대류와 전도를 통해 열이 이동하는 것을 차단하죠. 또한 병 내부는 은으로 도금되어 있어서 열이 반사되므로, 복사를 통해 열이 빠져나가는 것을 막아줘요. 그리고 병 입구의 이중 마개도 전도를 통

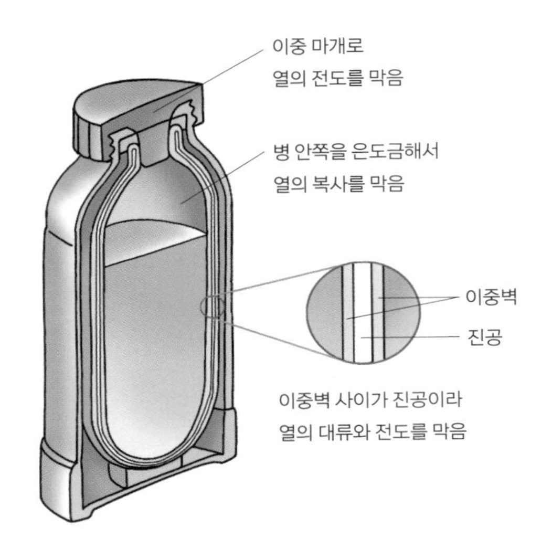

▲ 보온병의 원리

보온병에는 전도, 대류, 복사를 막기 위한 단열 장치가 모두 있다.

해 열이 이동하는 것을 막아줘요. 이렇게 단열을 철저하게 하므로 보온병에 담긴 음료의 온도는 오랜 시간 동안 변하지 않아요.

냉장고에도 단열 장치가 있어요. 냉장고 안으로 열이 들어가는 것 공기의 대류을 막기 위해 냉장고 문틈 사이에 고무 패킹을 넣고, 문에는 단열재를 넣어 전도를 막죠. 야외에 갈 때 음식을 보관하는 플라스틱 아이스박스도 이중벽으로 되어 있어서, 그 속에 담긴 얼음이 한참 동안 녹지 않을 수 있어요. 예전의 스티로폼 아이스박스와 소재는 다르지만 단열을 이용한다는 측면에서 보면 원리는 같군요.

우리가 입는 옷의 단열은 건강을 지키는 데 큰 역할을 해요. 보통 겨울철에는 내복이나 두꺼운 파카를 입지요? 이런 옷은 공기층이 있어서 몸의 열이 외부로 빠져나가는 것을 막아줘요. 공기층을 잘 형성한다면 옷의 두께가 얇아도 체온을 유지할 수 있죠. 해녀나 잠수부가 입는 잠수복은 열을 잘 전달하지 않는 네오프렌이라는 고무 소재로, 안에 미세한 공기층이 있어서 바닷속에서도 열을 빼앗기지 않을 수 있답니다.

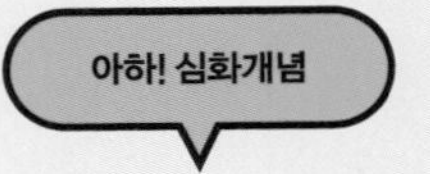

에너지 제로 하우스는 어떻게 만들까?

요즘 새롭게 짓는 건물들을 보면 멋진 외관을 뽐내는 것들이 많아요. 그리고 환경친화적인 건물들도 짓고 있죠. 그런데 어떤 건물을 환경친화적이라고 소개하는 걸까요?

비밀은 바로 '에너지 제로 하우스'에 있어요. 에너지 제로 하우스는 말 그대로 외부에서 에너지를 공급받지 않는 자립형 건물이에요. 물론 건물 내부에 사람이 살기 위해서는 에너지가 필요해요. 하지만 에너지 제로 하우스는 외부에서 전력을 공급받지 않고 건물 내의 모든 기기들을 작동할 수 있답니다.

에너지 제로 하우스는 우선 지붕이나 벽, 창, 바닥 등의 단열을 철저하게 해서 열의 출입을 차단해요. 겨울철에는 집 안의 열이 외부로 빠져나가지 않게 하고, 여름철에는 외부의 열을 최대한 차단해 집 안의 온도가 올라가는 것을 막는 거예요. 이러면 냉난방에 들어가는 에너지를 줄일 수 있죠. 하지만 아무리 단열을 잘해도 열의 이동을 완벽하게 차단할 수는 없어요. 그래서 에너지를 공급받아야 하지요. 이를 위해 겨울철에는 햇빛이 비칠 때 커다란 유리창을 통해 집 안의 온도를 높이고 전등을 켜지 않아도 되도록 설계해요. 반대로 여름철에는 햇빛이 들어오지 않도록 반사하거나 블라인드로 햇빛을 막아요. 집 안에 필요한 전기는 태양열 발전이나 태양 전지를 통해 공급받죠. 바람이 많은 곳이면 풍력 발전, 땅속에서 고온의 수증기나 지하수가 나오는 곳이면 지열 발전도 가능해요. 에너지 제로 하우스는 이런 과정을 통해 화력 발전에 의한 이산화 탄소 발생도 줄일 수 있어서 '탄소 제로 하우스'라고 불리기도 해요.

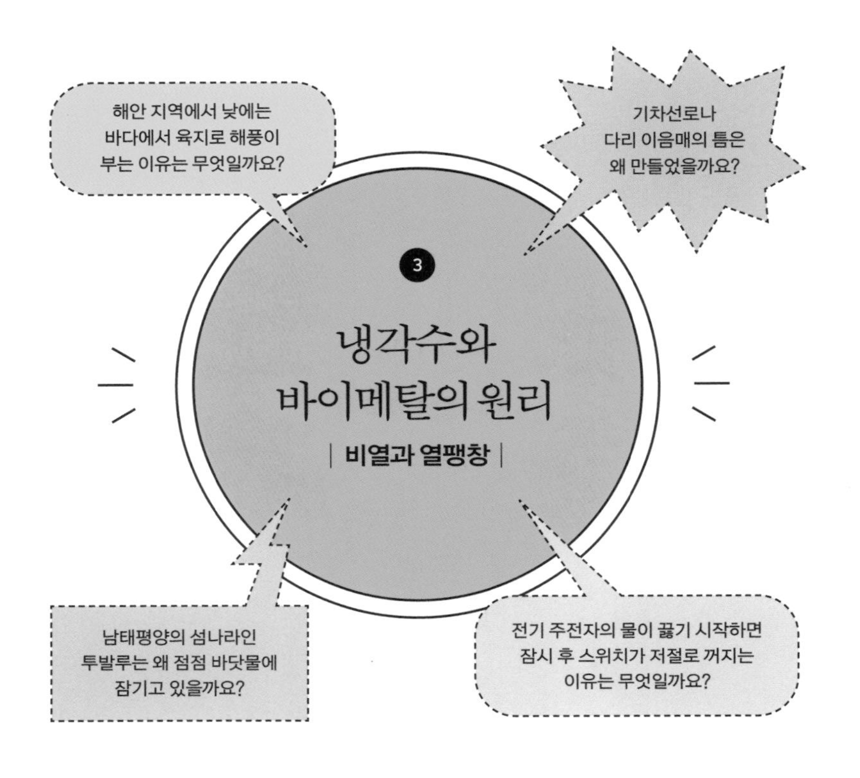

와, 부엌에 가니 식탁 위에 새우튀김이 있네요. 바삭바삭한 튀김 요리는 언제 먹어도 맛있어요. 그런데 튀김을 만들 때는 식용유의 온도가 너무 올라가 튀김이 타지 않도록 주의해야 해요. 식용유는 물보다 빠르게 온도가 올라가거든요. 어, 그런데 새우튀김을 집어 든 순간, 바로 옆 전기 주전자의 스위치가 저절로 꺼졌어요. 이는 물체의 형태가 온도에 따라 변하기 때문에 일어나는 현상이죠. 지금부터 이 원리들을 조금 더 알아볼게요.

뚝배기에 끓인 찌개는 왜 천천히 식을까?

여름철에 해수욕장에 가면 바닷물에 빨리 뛰어들고 싶어서 신발을 벗어 던지곤 하죠. 이때 모래가 너무 뜨거워서 깜짝 놀란 적은 없나요? 하지만 꾹 참고 뜨거운 모래 위를 달려 바닷물 속으로 들어가면 신기하게도 시원해요. 모래와 바닷물이 받는 태양열의 양은 같을 텐데 왜 온도가 다를까요?

온도가 다른 물체 사이에서는 열이 이동하는데, 이때 이동하는 열의 양을 **열량**이라고 해요. 열량의 단위로는 cal칼로리나 kcal킬로칼로리를 사용하죠. 1cal는 물 1g의 온도를 1℃ 높이는 데 필요한 열량이고, 1kcal는 1,000cal예요.

그런데 질량이 같은 두 물질에 같은 열량을 가했다고 해서 두 물질의 온도 변화가 같지는 않아요. 물론 친구를 놀리면 안 되지만, 똑같이 약을 올려도 화를 잘 내는 친구가 있고, 화를 잘 안 내는 친구가 있

죠? 물질도 마찬가지예요. 같은 열량을 얻어도 온도가 변하는 정도는 물질마다 다릅니다.

튀김을 하려고 프라이팬에 두른 식용유의 온도는 빠르게 올라가지만, 라면을 끓이기 위해 불 위에 올려둔 물은 쉽게 끓지 않아요. 왜 물은 식용유보다 더 오랜 시간을 가열해야 끓기 시작할까요? 일단 기름의 질량보다 물의 질량이 크기 때문이라고 생각할 수 있어요. 물질의 질량이 크면 같은 양의 열을 가해도 온도는 더 적게 올라가니까요. 주전자에 물을 조금 넣고 가열하면 물이 빨리 끓지만, 물을 가득 넣고 가열하면 끓는 데 오랜 시간이 걸리잖아요. 따라서 두 물질의 온도가 잘 올라가는지 비교하려면 질량이 같아야겠죠?

그런데 식용유와 물의 질량이 같고 두 물질이 받은 열량이 같아도, 물의 온도 변화가 더 작아요. 이는 물이 식용유보다 비열이 크기 때문이에요. **비열**이란 어떤 물질 1kg의 온도를 1℃ 높이는 데 필요한 열량으로, 단위는 kcal/(kg · ℃)입니다. 비열은 물질마다 달라요. 그리고 열량, 물질의 비열, 질량, 온도 변화 사이에는 다음과 같은 관계식이 성립해요.

$$\text{비열} = \frac{\text{열량}}{\text{질량} \times \text{온도 변화}}$$

$$\rightarrow \text{열량} = \text{비열} \times \text{질량} \times \text{온도 변화}$$

즉, 질량이 같을 때 물질의 비열이 클수록 온도를 높이는 데 더 많은 열량이 필요해요. 달리 말하면, 같은 열량을 받아도 비열이 클수록 온도가 잘 변하지 않아요.

여러 가지 물질의 비열을 나타낸 다음 표를 보면, 물은 다른 물질보다 비열이 크다는 사실을 알 수 있어요. 물의 비열이 크다는 것은 매우 중요해요. 우리 몸은 60~70퍼센트어릴 때는 비율이 더 높고, 나이가 들수록

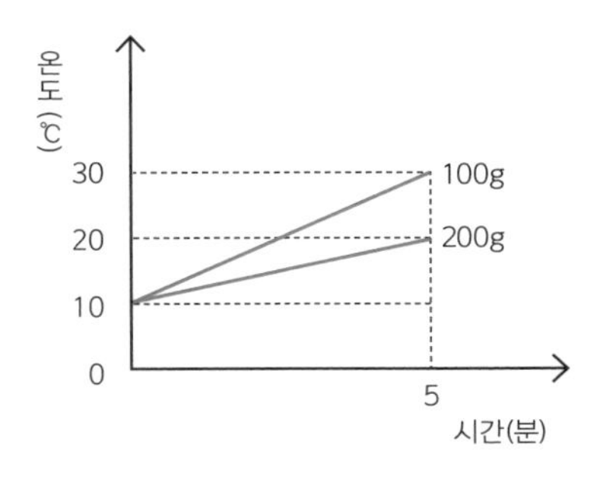

▲ **물의 질량에 따른 온도 변화**

동일한 열량을 가할 때, 물질의 질량이 작을수록 온도가 빨리 올라간다.

온도 (℃)
40
30
20
10
0
식용유
물
5
시간(분)

▲ **물질의 종류에 따른 온도 변화**

동일한 열량을 동일한 질량의 두 물질에 가할 때, 물질에 따라 온도 변화가 다르다.

물질	비열	물질	비열
물	1.00	모래	0.19
알코올	0.58	철	0.11
식용유	0.40	구리	0.092
알루미늄	0.22	은	0.056

[단위: kcal/(kg·℃)]

▲ **여러 가지 물질의 비열**

비율이 낮아져요.가 물로 되어 있어서, 체온이 쉽게 변하지 않죠.

또한 앞서 이야기했듯이, 여름철 낮에 바닷가의 모래는 뜨겁지만 바닷물은 시원해요. 이는 바닷물은 비열이 커서 태양열을 받아도 쉽게 온도가 오르지 않지만, 비열이 작은 모래는 쉽게 온도가 오르기 때문이에요. 해안 지역에서 부는 **해륙풍**은 육지와 바다의 비열 차이 때문에 부는 바람이에요. 낮에는 바다에서 육지로 해풍이 불고, 밤에는 육지에서 바다로 육풍이 불지요. 왜 그럴까요? 바다는 육지보다 비열이 커서 온도 변화가 작아요. 그래서 태양열을 받는 낮에는 바다보다 빨리 데워지는 육지에서 공기가 상승하고 바다에서 공기가 하강해 해풍이 불죠. 그리고 밤이 되면 육지가 바다보다 빨리 식어서 반대로 육풍이 불게 되는 거예요.*

물은 비열이 커서 온도를 낮추기 위한 냉각수로 사용돼요. 기계 장치에 마찰로 인한 열이 발생할 때나 자동차 엔진의 과열을 방지하기 위해 값이 저렴하고 효과가 좋은 물을 사용하죠. 참고로 자동차 냉각수로 순

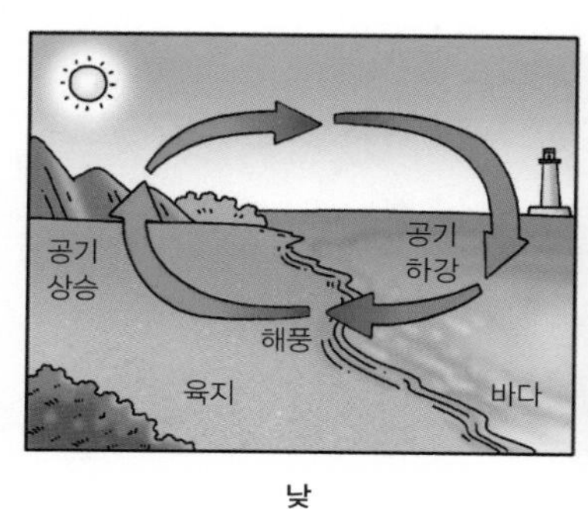

낮

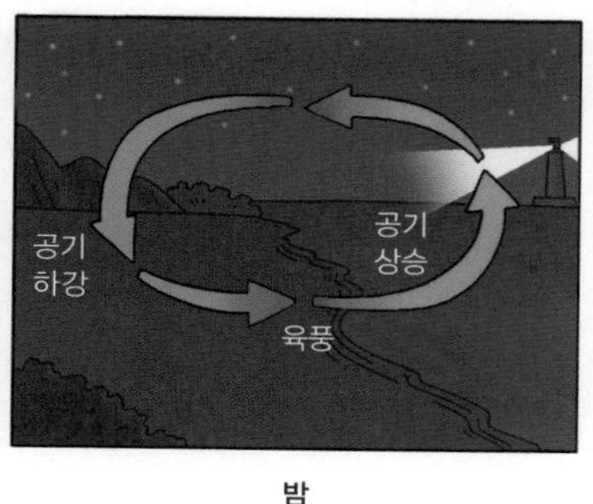

밤

▲ 해륙풍이 부는 원리

수한 물만 사용하면 겨울철에 냉각 기관이 얼 수 있으므로, 부동액을 함께 넣어서 얼지 않도록 해줘요. 또한 찜질 팩 속에도 비열이 큰 물을 넣어서, 따뜻함이나 시원함을 오랫동안 유지할 수 있도록 해요.

식탁에서도 비열을 이용한 예를 볼 수 있어요. 뚝배기에서 보글보글 끓고 있는 찌개는 참 먹음직스럽죠? 뚝배기는 얇은 냄비보다 비열이 커서 가열하는 데 오래 걸리지만, 일단 찌개가 끓기 시작하면 쉽게 식지 않아요. 그래서 불에서 식탁으로 옮겨 놓아도 계속 끓고 있지요. 혹시 스테이크를 돌판 위에 굽는 모습을 본 적이 있나요? 이 역시 돌의 비열이 크다는 성질을 이용해, 스테이크가 금방 식지 않도록 하기 위해서랍니다.

함께 생각해요!

* **계절풍이 부는 원리 :** 계절풍은 대륙과 해양 사이에서 1년을 주기로 풍향(바람이 불어오는 방향)이 바뀌는 바람이에요. 계절풍이 부는 원인은 해륙풍이 부는 원인과 같아요. 즉, 해양과 대륙의 비열 차이 때문에 발생하죠. 우리나라는 남동쪽에 해양이 위치하고 북서쪽에 대륙이 위치해요. 그래서 여름철에는 해양보다 빨리 데워지는 대륙 쪽으로 남동풍이 불어오고, 겨울철에는 해양보다 빨리 냉각되는 대륙 쪽에서 북서풍이 불어오는 거예요.

가스관 중간을 구부리는 이유

기차를 타면 특유의 덜컹거리는 소리를 들을 수 있어요. 기차는 쇠로 된 선로 위를 달리는데, 이때 덜컹거리는 소리가 나는 이유는 선로 사이에 틈이 있기 때문이에요. 선로에 틈이 없으면 소음도 줄어들고 승차감도 좋을 텐데, 왜 선로 사이에 틈을 만든 걸까요?

2014년, 경상북도 의성에서 화물 열차가 탈선하는 사고가 일어났어요. 기온이 높아지면서 선로의 길이가 늘어나 휘어졌기 때문이죠. 이렇게 선로가 휘어지는 것을 좌굴 현상이라고 하는데, 건축물 기둥에서는 무게에 의한 압력 때문에 일어나지만, 선로에서는 팽창에 의해 일어나요. 단단한 기차선로가 엿가락처럼 휘어진다는 것이 쉽게 이해되지 않을 거예요. 하지만 선로뿐 아니라 물체는 온도가 올라가면 길이나 부피가 늘어나는데, 이 현상을 **열팽창**이라고 해요. 말 그대로, 열에 의해 물체가 팽창한다는 뜻이에요. 물론 온도가 내려가면 물체의 길이나 부피는 줄어들어요. 그러니까 기차선로에 틈을 둔 이유는 온도가 올라가 선로가 늘어남으로써 휘어지거나 파손되는 것을 막기 위해서예요.

물체에 열을 가하면 팽창하는 이유는 물체를 이루는 입자의 운동

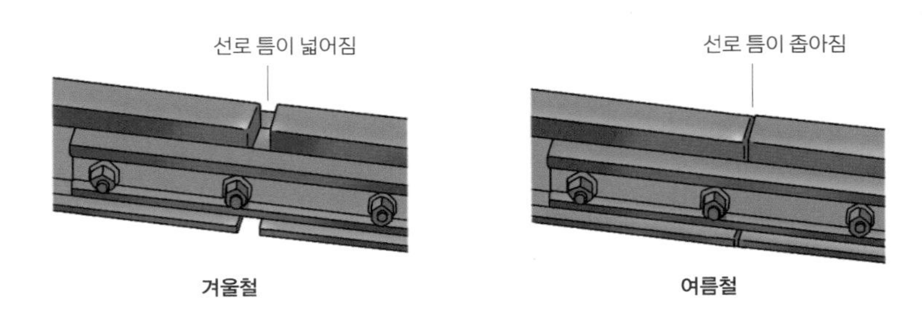

▲ 기차선로의 열팽창

이 활발해지기 때문이에요. 앞서 배운 내용을 다시 한번 떠올려볼게요. 물체에 열을 가하면 온도가 올라가는데, 온도는 물체를 이루는 입자의 운동이 활발한 정도를 나타낸다고 했지요? 그러니 온도가 올라간다는 것은 입자의 운동이 활발해진다는 뜻이에요. 따라서 물체의 온도가 올라가면 물체를 이루는 입자 사이의 거리가 멀어지면서 물체의 길이나 부피가 늘어나게 돼요.

같은 열을 가해도 고체가 열팽창하는 정도는 물질의 종류마다 달라요. 전기 주전자에서 물이 끓기 시작하면 잠시 후 스위치가 저절로 꺼지죠? 이렇게 자동으로 전기가 차단되는 이유는 전기 주전자 내부에 바이메탈bi-metal이 들어 있기 때문이에요. **바이메탈**은 열팽창 정도가 다른 두 금속을 붙여서 만든 장치로, 이름 자체가 '두 개의 금속'이라는 뜻이죠. 전기 주전자의 온도가 올라가면 바이메탈은 열팽창

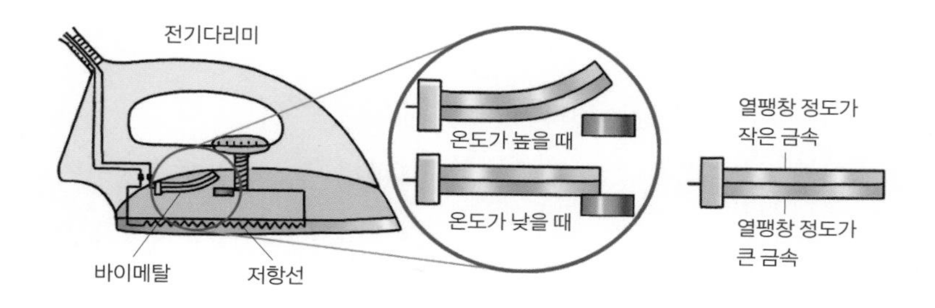

▲ 바이메탈을 이용한 전기다리미

정도가 작은 금속 쪽으로 휘어지면서 전기 회로와의 연결이 끊기게 돼요. 전기다리미에도 바이메탈이 들어 있어서, 전기다리미의 온도가 너무 높이 올라가 옷감이 손상되는 것을 막아줍니다.

나무로 만든 통도 물체의 열팽창을 이용해 만들어요. 먼저 나무 판을 이어서 통을 만든 후 가열한 금속으로 테를 둘러주죠. 그러면 금속이 식으면서 나무 사이를 조여, 통 속에 있는 액체가 새지 않아요.

한편 주변을 둘러보면 기차선로의 틈 외에도 열팽창 사고를 방지하기 위한 노력들을 더 찾을 수 있어요. 아파트 벽에 설치된 가스관을 본 적이 있나요? 직선으로 똑바로 올라가는 것이 아니라 중간중간 'ㄷ' 자처럼 구부러진 모양이에요. 이는 가스관이 열팽창에 의해 휘어지거나 끊어지는 것을 방지하기 위해서랍니다. 다리의 이음매에도 기차선로처럼 틈을 두어서, 늘어나거나 줄어듦에 따라 다리가 파손되는 것을 방지하죠. 유리잔을 뜨거운 물에 넣었다가 찬물에 갑자기 넣으면 깨질 수도 있는데, 이 역시 열팽창에 의한 현상이에요. 유리잔이 뜨거운 물에 의해 팽창한 상태에서 찬물에 갑자기 넣으면 수축하면서 금이 가거든요. 이를 방지하기 위해 만든 것이 열팽창 정도가 작아서 잘 깨지지 않는 파이렉스 유리예요.

고체만 열팽창을 하는 게 아니라, 액체도 열팽창을 해요. 남태평양의 섬나라 투발루가 바닷물에 잠기고 있다는 이야기를 들어봤을 거예요. 흔히 극지방의 빙하가 녹아서 그렇게 된다고 생각하기 쉬운데, 그보다는 바닷물의 온도가 높아져서 바닷물의 부피가 늘어나기 때문이에요. 사실 바닷물 위에 떠 있는 빙하는 녹아도 해수면 상승에 별 영향을 주지 않아요. 이는 컵 위에 솟아오른 얼음이 녹아도 컵의 물이 넘치지 않는 것과 같은 원리죠. 물론 남극 대륙의 빙하처럼 대륙 위의 빙하가 녹아서 바다로 흘러 들어가는 것은 해수면 상승의 원인이 됩니다.

우리 주변에서도 액체의 열팽창을 확인할 수 있어요. 병에 담긴 음료수를 자세히 보면 가득 채우지 않아요. 이는 음료수의 열팽창에 의해 병이 파손되는 것을 막기 위해서예요. 알코올 온도계도 온도계 속 알코올이 온도에 따라 팽창하고 수축하는 원리를 이용한 거예요. 한편 액체가 열팽창하는 정도는 물질의 종류마다 달라요.

기체는 물질의 종류에 관계없이 열팽창 정도가 매우 커요. 열기구를 타고 하늘을 날 수 있는 것은 공기에 열을 가하면 공기가 잘 팽창하기 때문이죠. 그러니까 열을 가하면 기체가 가장 많이 팽창하고, 다음으로 액체, 고체 순이에요.

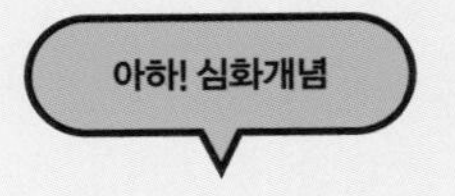

얼음 호수에 물고기가 살 수 있는 이유는?

대부분의 물체는 온도가 올라가면 부피가 커져요. 그런데 특이한 물질이 하나 있어요. 바로 물입니다. 아래 그래프에서 볼 수 있듯이, 물은 0℃에서 4℃로 온도가 올라가는 동안 부피가 감소해요. 그리고 4℃ 이후에는 다시 온도가 올라감에 따라 부피가 증가하죠. 즉, 물은 4℃일 때 부피가 가장 작아요. 그래서 차가운 호수 가장 아래의 물 온도는 대체로 4℃에 가깝지요.

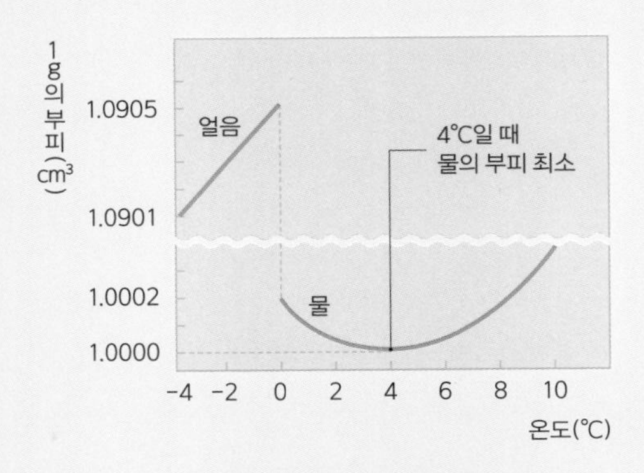

▲ 온도에 따른 물과 얼음의 부피 변화

재미있는 사실은, 그래프를 보면 알 수 있듯이, 얼음이 물보다 부피가 더 크다는 거예요. 이처럼 물이 얼면 부피가 커지므로, 냉동실에 음료수 캔이나 병을 넣어두면 터질 수도 있어요.

겨울철이면 호수에서 얼음낚시를 하는 사람들을 볼 수 있는데요. 표면이 얼음으로 덮인 호수에서 어떻게 물고기가 얼지 않고 살 수 있을까요? 겨울철에 기온이 내려가면 공기와 접하는 호수의 표면부터 물이 얼기 시작해요. 이때 얼음은 물보다 부피가 커서 물 위쪽에 떠 있죠. 그리고 이 얼음이 단열재 역할을 해서 호수 바닥까지 물이 얼지 않도록 해줘요. 그래서 추운 겨울철에 호수 표면은 얼어도, 그 아래는 액체 상태인 물이어서 물고기가 살 수 있는 거예요.

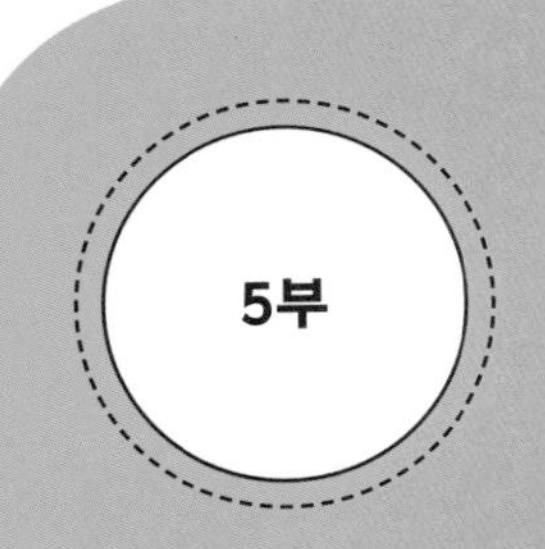
5부

빛은 무엇을 보여주고, 파동은 어떻게 전파될까

인간은 횃불이나 촛불, 전등 등을 만들어 태양이 없는 밤에도 세상을 볼 수 있게 되었어요. 이처럼 '보다'라는 건 빛과 관련이 있죠. 그런데 옛날 사람들은 이 사실을 쉽게 이해하지 못했지요. 물체를 볼 수 있는 이유는 눈에서 뭔가가 나오기 때문이라고 생각했거든요. 눈을 감으면 아무것도 보이지 않으니 그렇게 생각한 것도 무리는 아니네요. 또한 옛날에는 물체가 각각의 색을 가지고 있다고 여겼어요. 그렇다면 우리는 어떻게 물체를 보고, 색을 느낄 수 있을까요? 또한 거울과 렌즈에 의해 물체의 상이 어떻게 보일까요?

우리가 달을 볼 수 있는 이유

어두운 곳에서 물체를 보기 위해서는 불빛이 있어야 해요. 스마트폰의 손전등으로 물체를 비추면, 다른 곳은 보이지 않아도 빛을 비춘 부분은 볼 수 있죠. 만약 어두운 지하실에 들어갔는데 전등이 고장 난다면, 아무것도 보이지 않아서 정말로 무서울 거예요. 물체는 어떤 과정을 통해 우리 눈에 보이는 걸까요?

"눈에서 레이저가 나온다"라는 표현이 있어요. 그러나 사실 눈에서는 아무것도 나오지 않아요. 우리는 보통 '눈으로 보다'라고 말하기에 눈에서 뭔가가 나와서 물체를 보는 것 같지만, 엄밀히 말하면 눈으로 보는 것이 아니라 '눈에 보이는' 거예요. 우리가 물체를 보기 위해서는 빛이 우리 눈으로 들어와야 하거든요.

애니메이션에서는 어두운 곳에서 고양이나 박쥐 같은 동물의 눈이 밝게 빛나는 장면이 나오기도 하죠? 밤에 손전등으로 고양이를 비춰보면 정말로 눈이 빛나는 것처럼 보여요. 하지만 손전등을 끄면 고양이의 눈도 보이지 않아요. 이는 고양이의 눈에서 실제로 빛이 나오는 것이 아니라는 사실을 알려줍니다. 고양이의 눈이 밝게 보이려면 손전등처럼 빛을 내는 물체가 있어야 해요.

태양, 전등, 횃불, 촛불처럼 스스로 빛을 내는 물체를 **광원**이라고 해요. 스마트폰 화면이나 컴퓨터 화면도 광원이기 때문에 주변에 빛이 없어도 그 화면을 볼 수 있지요. 하지만 우리는 책상, 의자, 연필 등

광원이 아닌 물체, 즉 스스로 빛을 내지 못하는 물체도 볼 수 있어요. 왜 그럴까요? 이는 광원에서 나온 빛이 책상, 의자, 연필 등에서 반사된 후 우리 눈으로 들어오기 때문이에요. 빛이 물체에서 반사된다는 것은 빛이 물체 표면에 부딪쳐서 나아가던 방향이 바뀐다는 의미죠.

정리해볼게요. 광원에서 나온 빛이 우리 눈으로 들어오면 광원을 볼 수 있고, 광원에서 나온 빛이 어떤 물체에서 반사된 후 우리 눈으로 들어오면 그 물체를 볼 수 있는 겁니다. 그러니까 우리가 물체를 보는 과정은 아래 그림과 같아요.

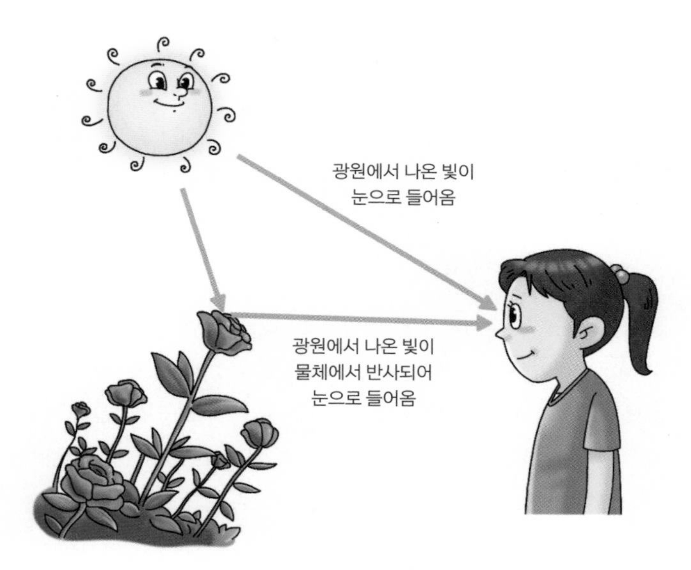

▲ 물체를 볼 수 있는 원리

광원에서 나온 빛이 물체에서 반사된 후에는 사방으로 퍼져 나가기 때문에 방향과 상관없이 어디서든 물체를 볼 수 있어요. 어두운 밤하늘에 떠 있는 달을 생각해볼게요. 달은 스스로 빛을 내지 못해요. 달이 우리 눈에 보이는 이유는 태양에서 나온 빛이 달에서 반사된 후 지구에 있는 우리에게 오기 때문이죠. 이때 빛은 사방으로 퍼져 나가므로 밤이 된 곳이라면 어디서든 달을 볼 수 있어요.

빛은 곧게 나아가는 성질이 있는데, 이를 **빛의 직진**이라고 해요. 레이저 포인터로 물체를 가리키거나, 안개가 낀 곳에서 손전등을 비추면 빛이 곧게 나아가는 모습을 확인할 수 있지요. 이렇게 빛이 직진하다가 물체에 막히면 물체 뒤쪽에 그림자가 생겨요.

잠깐! 초등개념

그림자가 생기는 이유

'빛과 그림자'라는 말처럼, 빛을 이야기할 때는 그림자가 따라다녀요. 빛이 곧게 나아가다가, 즉 직진하다가 물체를 만나면 어떻게 될까요? 빛이 물체를 통과하지 못해 물체 뒤쪽에 그림자가 생겨요. 불투명한 물체는 빛이 전혀 통과하지 못하므로 진한 그림자가, 투명한 물체는 대부분의 빛이 통과하므로 연한 그림자가 생기죠. 도자기 컵과 유리컵을 햇빛이 비치는 창가에 둘 때, 유리컵보다 도자기 컵의 그림자가 더 진하지요?

한편 그림자의 모양은 물체의 모양과 비슷한데, 같은 물체라도 놓은 방향에 따라 그림자의 모양이 다르답니다. 손전등, 원기둥 모양의 블록, 스크린을 차례대로 놓고, 손전등의 빛을 스크린 방향으로 비춰볼게요. 먼저 블록의 옆면을 비추면 스크린에는 사각형 모양의 그림자가 생겨요. 그럼 블록의 방향을 돌려서 손전등으로 둥근 밑면을 비추면 그림자의 모양은 어떻게 달라질까요? 예, 이번에는 원 모양의 그림자가 생겨요.

색은 어디에 있을까?

인터넷으로 주문한 옷이 드디어 도착했어요. 잔뜩 기대하며 포장을 뜯었는데, '어!' 생각했던 색이랑 다르네요. 실망이 이만저만이 아니에요. 이런 일은 화면에서 본 색과 직접 본 색이 달라서 생기는 거예요. 집 밖에서 본 옷의 색이 집 안에서 봤던 색과 달라서 당황할 때도 있지요. 분명 같은 옷인데, 이유가 뭘까요?

색은 신기한 특성이 있어요. 빨간 사과를 보면 사과에 빨간색이 존재하는 것처럼 보이죠. 하지만 조금만 더 생각해보면 그렇지 않다는 것을 알 수 있어요. 빛이 없는 곳에서는 사과의 색을 볼 수 없으니까요. 색의 정체가 바로 빛이라는 사실을 알아낸 과학자는 뉴턴이에요.

잠깐! 초등개념

여러 가지 빛깔로 이뤄진 햇빛

햇빛에도 색이 있을까요? 있다면 어떤 색일까요? 프리즘을 사용하면 햇빛이 어떤 빛깔로 이뤄져 있는지 알 수 있어요. 프리즘은 유리나 투명한 플라스틱을 삼각기둥 모양으로 만든 기구로, 빛의 방향을 바꾸거나 빛을 여러 가지 색으로 나눌 때 사용하죠.

이제 프리즘을 통과한 햇빛이 어떤 빛깔로 나타나는지 알아볼게요. 이를 위해 검은색 도화지에 얇고 긴 틈을 만든 후, 이 틈을 통과한 햇빛이 프리즘을 통과해 흰색 도화지에 도달하도록 합니다. 이렇게 하면 흰색 도화지에서 무지갯빛을 관찰할 수 있어요. 그런데 우리는 흔히 무지개를 일곱 가지 색이라고 하지만, 실제로 관찰해보면 여러 가지 빛깔이 연속해서 나타나요. 이를 통해 햇빛은 여러 가지 빛깔로 이뤄진다는 사실을 알 수 있어요. 참고로 프리즘을 통과한 햇빛이 여러 가지 빛깔을 띠는 이유는 햇빛이 프리즘을 통과할 때 빛깔에 따라 꺾이는 정도가 다르기 때문이에요.

물론 뉴턴 이전에도 과학자들은 빛백색광*이 프리즘을 통과하면 무지개처럼 생긴 스펙트럼이 나타난다는 것을 이미 알고 있었어요. 하지만 뉴턴은 이 사실에 만족하지 않고, 백색광이 프리즘을 통과할 때 나뉘는 이유는 빛의 색에 따라 굴절되는 정도가 다르기 때문이라는

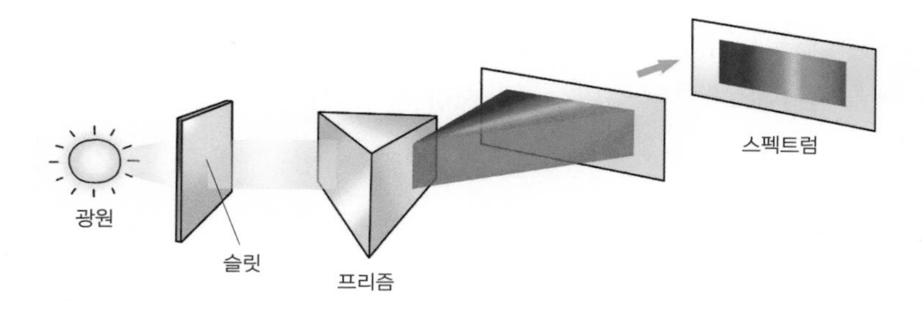

▲ 빛의 분산

빛이 프리즘을 통과하면 여러 가지 빛깔로 나뉘는 빛의 분산이 일어난다. 실험 장치 중 슬릿은 좁은 틈을 말하는데, 너무 많은 빛이 프리즘을 지나면 스펙트럼을 잘 관찰할 수 없으므로 어두운 곳에서 슬릿을 사용해 실험한다.

것을 알아냈어요. 이렇게 빛이 여러 가지 색의 빛으로 나뉘는 현상을 **빛의 분산**이라고 해요.

뉴턴은 프리즘을 통과하면서 나뉜 빛을 다시 프리즘에 통과시키

함께 생각해요!

* **백색광 :** 백색광은 모든 가시광선 영역의 빛이 합쳐진 빛이에요. 햇빛을 떠올리면 이해가 빠르죠. 가시광선은 사람의 눈으로 볼 수 있는 빛으로, 무지갯빛의 범위라고 생각하면 됩니다. 그런데 특정한 색이 보이지 않는다고 해서 백색광을 무색광이라고 표현하면 안 돼요. 무색은 아무 빛깔이 없는, 투명하다는 의미니까요.

고, 거꾸로 여러 색의 빛을 합쳐보는 등의 실험을 했답니다. 그 결과 프리즘을 통과한 빛을 다시 프리즘에 통과시켜도 더 이상 나뉘지 않는다는 사실과, 분산된 스펙트럼의 빛을 모두 합치면 원래의 백색광을 얻을 수 있다는 사실을 알아냈죠. 그런데 백색광을 얻기 위해서는 빨간색, 초록색, 파란색, 이렇게 세 가지 색 빛만 있으면 되며, 이를 **빛의 삼원색**이라고 해요. 이 세 가지 색의 빛을 적절히 합치면 모든 색의 빛을 만들어낼 수 있지요. 이처럼 두 가지 색 이상의 빛을 합쳐 다른 색의 빛을 만들어내는 것을 **빛의 합성**이라고 해요.

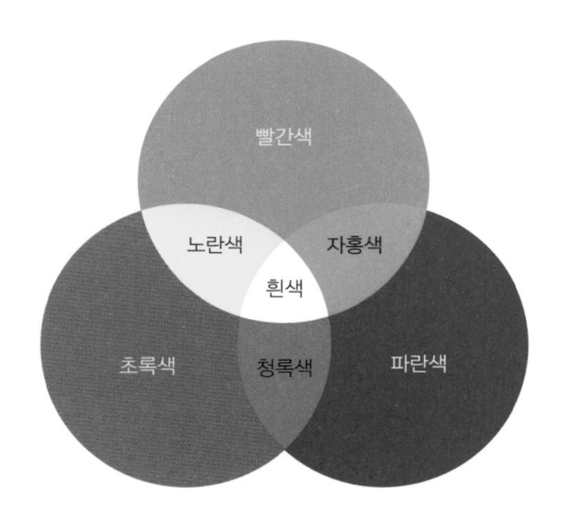

▲ 빛의 삼원색과 빛의 합성

▲ 〈그랑드 자트 섬의 일요일 오후〉

프랑스의 화가인 조르주 쇠라가 탄생시킨 점묘화는 빛을 합성하면 다양한 색을 표현할 수 있다는 원리를 이용한 그림이에요. 점묘화는 가까이서 보면 수많은 작은 점으로 그렸다는 것을 확인할 수 있지만, 어느 정도 떨어진 거리에서 보면 점에서 반사된 여러 색의 빛이 합성된 것처럼 느껴지므로 부드럽고 밝은 그림으로 보이죠. 대표적인 점묘화로는 쇠라의 〈그랑드 자트 섬의 일요일 오후〉라는 작품이 있어요.

빛의 합성은 공연에서도 이용하는데, 빨간색 · 초록색 · 파란색 빛을 합성해 화려한 무대를 연출해요.

디스플레이도 빛의 합성을 이용한 대표적인 장치예요. 디스플레이는 영상 장치라고도 하며, 컴퓨터 신호나 전파 신호를 사람이 볼 수 있는 빛으로 나타내죠. 여러분이 사용하는 스마트폰도 디스플레이가 있어서 영상을 볼 수 있어요. 그런데 스마트폰 화면을 확대해서 보면, 화면이 작은 점들로 이뤄져 있다는 것을 알 수 있어요. 이 작은 점 하나하나를 **화소**, 또는 픽셀pixel이라고 해요. 같은 화면이라도 화소가 많을수록 더 세밀한 표현이 가능하지요. 화소의 수가 많은 화면을 "해상도가 높다"라고 말하기도 해요. 화소는 빨간색, 초록색, 파란색 빛을 내며, 화소에서 나오는 빛이 합성되면서 다양한 색을 표현할 수 있답니다.

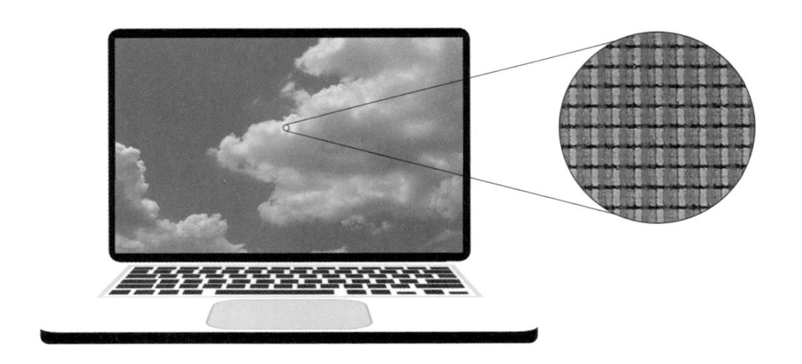

▲ 영상 장치의 화소와 빛의 합성

빨간색, 초록색, 파란색 빛을 합성하면 흰색 빛이 된다.

빛이 합성되면 어떤 색 빛이 되는지는 바로 앞에 나온 빛의 삼원색 그림을 보면 알 수 있어요. 빨간색과 파란색 빛이 합성되면 자홍색 빛, 파란색과 초록색 빛이 합성되면 청록색 빛, 빨간색과 초록색 빛이 합성되면 노란색 빛이 되죠. 그리고 빛의 삼원색을 동시에 합치면 흰색 빛, 즉 백색광이 됩니다. 그러니까 스마트폰에서 노란색을 표현할 때는 빨간색과 초록색 화소가 켜져 있는 거예요.

물체가 띠는 색의 정체는 무엇일까요? 바로 그 물체가 반사하는 빛의 색이에요. 사과가 빨간 이유는 사과에 빨간색 색소가 있기 때문인데, 빨간색 색소는 다른 색의 빛은 흡수하고 빨간색 빛만 반사해요. 그래서 사과가 빨간색으로 보이죠. 마찬가지로 바나나가 노랗게 보이는 이유는 파란색 빛을 흡수하고, 빨간색 빛과 초록색 빛을 반사하기 때문이에요.

이렇게 물체의 색은 빛에 의한 것이므로, 같은 물체라도 조명에 따라 다른 색으로 보여요. 흰색 티셔츠를 떠올려보세요. 흰색은 모든 색의 빛을 반사하므로 백색광을 비추면 흰색으로 보여요. 하지만 빨간색 조명 아래에서는 빨간색 빛만 반사하므로 빨간색 티셔츠로 보이게 되지요.

햇빛	빨간색 무대 조명	초록색 무대 조명	파란색 무대 조명

빨간색 장미	 빨간색 빛 반사 ➡ 빨간색	 반사하는 빛 없음 ➡ 검은색	 반사하는 빛 없음 ➡ 검은색
초록색 나뭇잎	  반사하는 빛 없음 ➡ 검은색	 초록색 빛 반사 ➡ 초록색	 반사하는 빛 없음 ➡ 검은색
파란색 컵	 반사하는 빛 없음 ➡ 검은색	 반사하는 빛 없음 ➡ 검은색	 파란색 빛 반사 ➡ 파란색
 노란색 레몬	 빨간색 빛 반사 ➡ 빨간색	 초록색 빛 반사 ➡ 초록색	 반사하는 빛 없음 ➡ 검은색
 청록색 모자	 반사하는 빛 없음 ➡ 검은색	 초록색 빛 반사 ➡ 초록색	 파란색 빛 반사 ➡ 파란색
 자홍색 종이	 빨간색 빛 반사 ➡ 빨간색	 반사하는 빛 없음 ➡ 검은색	 파란색 빛 반사 ➡ 파란색

▲ 조명에 따른 물체의 색

옷 가게 거울의 비밀

옷 가게에서 마음에 드는 옷을 발견하면 가장 먼저 전신 거울로 확인하죠. 그런 후 나에게 어울린다고 생각되면 그 옷을 사요. 그런데 집에 와서 산 옷을 입고 거울 앞에 섰는데, 옷 가게와는 다르게 보이는 거예요. 옷 가게 거울에는 어떤 비밀이 숨겨져 있을까요?

잠깐! 초등개념

거울에 비친 물체의 모습

거울은 집, 학교, 미용실 등 우리 생활 어디서나 사용하는 물건으로, 물체의 모습을 볼 수 있게 해줘요. 우리는 어떻게 거울을 통해 자신의 얼굴을 볼 수 있을까요? 거울은 빛의 반사를 이용해 물체의 모습을 비춰요. 손전등과 수직이 되도록 거울을 세워놓은 뒤, 손전등의 빛이 거울의 아랫부분에 닿도록 비춰보세요. 그러면 빛이 거울에 부딪친 후 빛의 진행 방향이 바뀌는 것을 확인할 수 있어요. 이를 빛의 반사라고 합니다. 그런데 거울에 비친 물체의 모습과 실제 물체의 모습에는 다른 점이 있어요. 물체를 거울에 비추면 물체의 색도 실제와 같고, 물체의 상하도 그대로 보이지만, 물체의 좌우는 바뀌어 보이죠.

욕실, 현관, 엘리베이터에 이르기까지 우리는 하루에도 몇 번씩 거울을 보며 자신의 모습을 살핍니다. 거울에 우리의 모습이 비치는 이유는 직진하던 빛이 거울 표면에서 반사되기 때문이에요. 이때 빛은 아무렇게나 반사되는 게 아니에요. 입사 광선거울 면(반사면)으로 들어가는 빛과 법선거울 면(반사면)에 수직인 선이 이루는 각을 **입사각**, 반사 광선거울 면(반사면)에서 반사되어 나오는 빛과 법선이 이루는 각을 **반사각**이라고 하는데요. 입사각의 크기와 반사각의 크기는 항상 같으며, 이를 **빛의 반사 법칙**이라고 해요.*

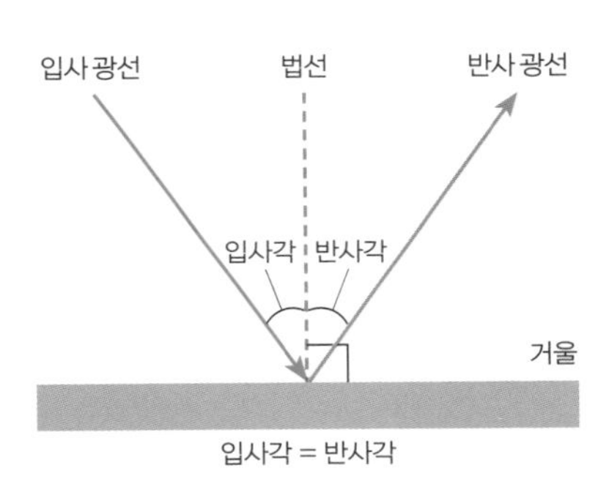

▲ 빛의 반사 법칙

함께 생각해요!

* **정반사와 난반사 :** 빛의 반사는 거울처럼 표면이 매끄러운 물체에서만 일어나는 것은 아니에요. 표면이 거친 물체에서도 빛의 반사가 일어나며, 이때도 빛의 반사 법칙이 성립해요. 다만 거친 표면에서는 사방으로 반사가 일어나서 선명한 상이 맺히지 않을 뿐이죠. 이렇게 빛이 사방으로 흩어지는 반사를 '난반사'라고 해요. 반면, 매끄러운 표면에서 일정한 방향으로 일어나는 반사를 '정반사'라고 하죠.

그렇다면 우리는 어떤 과정을 통해 거울에 비친 물체의 형상상을 볼 수 있을까요? 거울에 의해 물체의 상이 생기는 원리도 빛의 반사 법칙에 근거해요. 아래 그림을 보세요. 물체에서 출발한 빛은 평면거울에서 반사된 후 우리 눈으로 들어와요. 그런데 우리는 눈으로 들어오는 빛을 연장할 때 만나는, 거울 뒤쪽의 물체에서 빛이 왔다고 느끼죠. 그래서 거울 뒤쪽에 생긴 물체의 상을 보게 되는 거예요.

평면거울에 비친 물체의 상은 실제 물체와 크기가 같고 좌우가 바뀐 모습이에요. 그리고 물체에서 거울까지의 거리와 상에서 거울까지의 거리는 같아요.

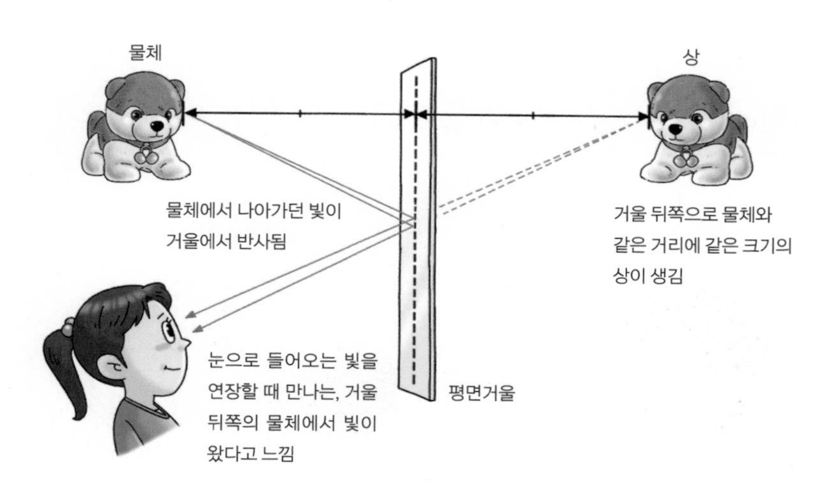

▲ **평면거울에 의한 상**

구급차 앞쪽을 보면 '119 구급대'라는 글자가 '대급구 911'로 좌우가 바뀌어 있죠? 이는 앞차의 운전자가 백미러를 통해 볼 때 좌우가 바뀌어 보이므로, 운전자에게는 좌우가 똑바로 된 글자로, 즉 '119 구급대'로 보인다는 점을 고려한 거예요. 그런데 2001년 일본의 한 발명가가 정영경이라는 재미난 거울을 만들었어요. 정영경은 좌우가 바뀌지 않는데, 두 개의 거울을 직각으로 붙여서 거울에 반사된 빛을 다시 반사하기 때문이에요.

자, 드디어 옷 가게 거울의 비밀을 풀 차례군요. 평면거울은 물체의 좌우만 바뀔 뿐 원래의 모습을 그대로 보여줘요. 그런데 옷 가게의 거울은 우리의 모습을 약간 다르게 보이도록 하지요. 여기에는 두 가지 이유가 있어요. 일단 거울을 뒤로 살짝 기울여놓기에 원근감에 따라 키가 커 보이는 효과가 생겨요. 다리와 거울은 가깝고 얼굴과

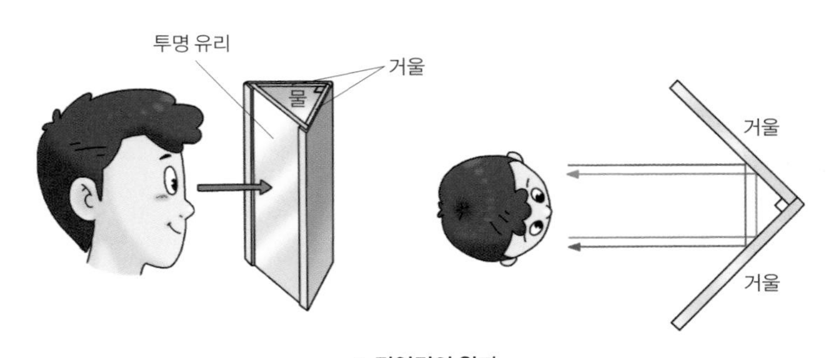

▲ 정영경의 원리

거울은 멀기에 마치 아래에서 사진을 찍은 것처럼 키가 커 보이죠. 그런데 더 중요한 이유는 옷 가게의 거울이 사실은 평면거울이 아니라 가운데가 살짝 들어간 오목 거울이라는 거예요. 물체가 오목 거울에 가까이 있을 때는 더 크게 보이므로, 다리가 실제보다 길어 보여요. 그래서 옷 가게에서는 내 모습이 실제보다 날씬해 보인답니다.

이제 오목 거울과 볼록 거울의 특징에 대해 알아볼게요. 아래 그림을 보세요. 거울로 평행하게 입사하는 빛은 오목 거울과 볼록 거울에서 반사되어 어떻게 진행하나요? 오목 거울의 경우에는 반사된 빛이 모이는 방향으로 나아가고, 볼록 거울의 경우에는 반사된 빛이 퍼져 나가요. 이렇게 빛이 거울 면에서 반사된 후 진행하는 경로가 다르기 때문에 오목 거울과 볼록 거울에 보이는 상의 모습이 다릅니다.

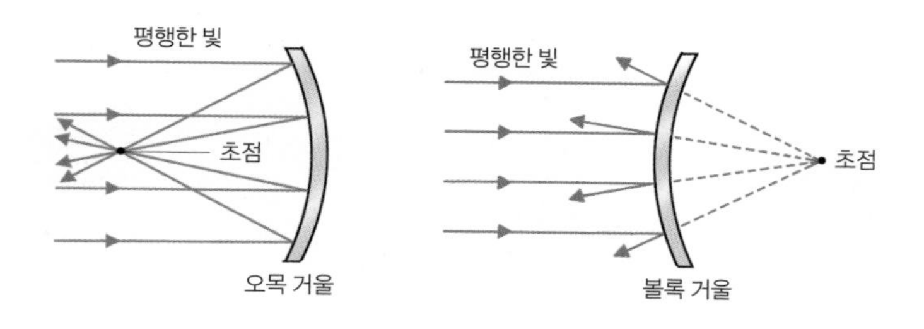

* 초점: 거울에서 반사되거나 렌즈에서 굴절된 빛이 모이는 한 점

▲ **거울에서의 빛의 반사 경로**

오목 거울은 물체와 거울 사이의 거리에 따라 상이 다르게 보여요. 오목 거울 가까이에 있는 물체는 거울에 확대되어 보이고 바로 선 모습이죠. 하지만 물체가 오목 거울에서 멀어지다 보면 어느 순간 상이 뒤집혀요. 그리고 그 순간부터는 거울에서 멀어질수록 뒤집힌 상이

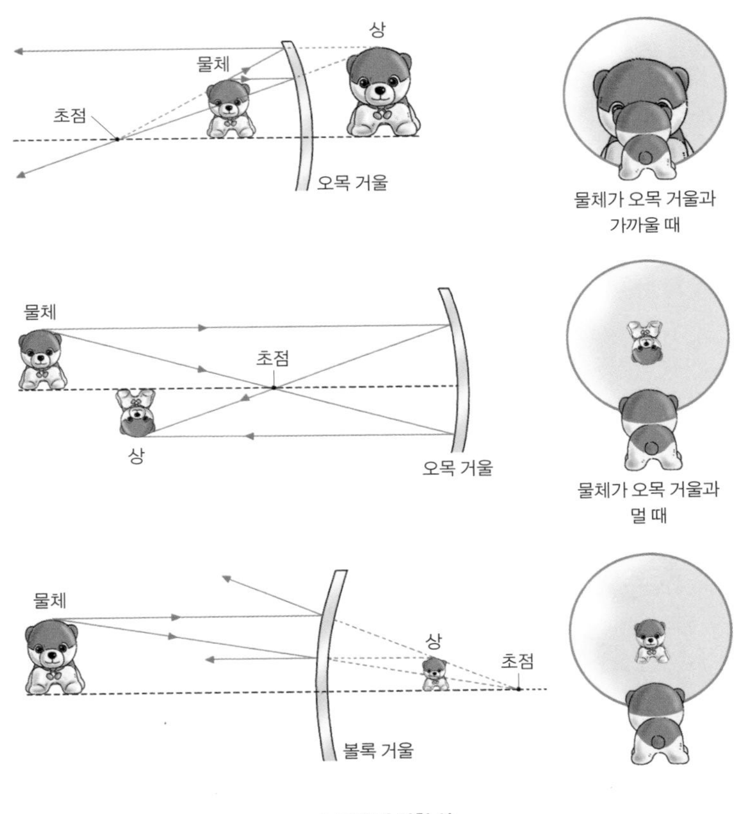

▲ 거울에 의한 상

점점 작게 보여요. 이처럼 오목 거울에서는 거리에 따라 바로 선 모습의 상과 거꾸로 선 모습의 상을 모두 볼 수 있어요. 한편 볼록 거울의 경우에는 항상 물체보다 작고 바로 선 모습의 상이 보여요. 그리고 물체와 거울 사이의 거리가 멀어질수록 상이 점점 작게 보여요.

오목 거울은 빛을 모으는 성질이 있어서 태양열 조리기에 이용되고, 가까운 물체는 크게 보이므로 화장용 거울과 치과용 거울에 이용되기도 하죠. 이와 달리 편의점 코너나 도로 모퉁이에 설치된 볼록 거울은 물체를 작게 보이게 하므로, 넓은 범위를 볼 수 있게 해줘요. 같은 이유로 자동차 사이드 미러에도 볼록 거울을 이용해요.

렌즈로 보는 새로운 세상

셜록 홈스는 영국의 작가인 아서 코넌 도일이 지은 소설의 주인공이에요. 소설을 읽다 보면 명탐정 홈스가 사건 현장에서 돋보기를 들고 사건의 단서를 찾곤 하죠. 돋보기를 사용하면 작은 글씨나 물체를 확대해서 볼 수 있거든요. 또한 사람들은 사물이 잘 안 보일 때 안경을 써요. 왜 돋보기나 안경으로는 사물을 더 잘 볼 수 있을까요?

잠깐! 초등개념

빛의 굴절과 볼록 렌즈의 특징

빛을 공기 중에서 물로 수직으로 비추면 빛의 방향은 변하지 않아요. 하지만 빛이 공기 중에서 물로, 또는 물에서 공기 중으로 비스듬히 나아갈 때는 공기와 물의 경계에서 빛의 방향이 꺾이죠. 이처럼 빛이 서로 다른 물질을 지날 때 그 경계에서 진행 방향이 꺾이는 현상을 빛의 굴절이라고 해요.

여름철에 맑은 냇물이나 계곡물을 들여다보면, 물고기가 수면 가까이서 헤엄치는 모습이 보여요. 그러나 사실 물고기는 우리 눈에 보이는 것보다 아래에 위치하지요. 이는 빛이 공기와 물의 경계에서 굴절하기 때문에 생기는 현상이에요.

렌즈는 빛의 굴절을 이용하는 도구로, 오목 렌즈와 볼록 렌즈가 있어요. 이 중 볼록 렌즈의 특징을 살펴볼게요. 볼록 렌즈는 옆에서 보면 가운데 부분이 가장자리보다 두꺼워요. 그런데 빛은 렌즈를 지날 때 두꺼운 쪽으로 꺾이죠. 따라서 볼록 렌즈를 통과한 빛은 굴절되어 한 점에 모입니다. 볼록 렌즈로는 빛을 모을 수 있으므로, 볼록 렌즈로 햇빛을 모으면 그 지점은 종이가 탈 정도로 온도가 높이 올라가죠.

그리고 볼록 렌즈로 보면 가까운 물체는 실제보다 크게 보이고, 먼 물체는 뒤집힌 모습으로 보여요.

여러분, 수영장 물속으로 들어갈 때 생각보다 물이 깊어서 놀란 적이 있지요? 또한 물 밖에서 물속에 있는 자신의 다리를 보면 실제보다 짧아 보여요. 즉, 발의 위치가 실제보다 위쪽에 있는 것처럼 보이죠. 이는 물속 다리에서 반사되어 나온 빛이 수면에서 꺾여 우리 눈으로 들어오기 때문이에요. 이처럼 서로 다른 두 물질의 경계면에서 빛의 진행 방향이 꺾이는 현상을 **빛의 굴절**이라고 해요.

빛이 굴절하는 이유는 물질에 따라 빛이 진행하는 속력이 다르기 때문이에요. 예를 들어, 빛이 공기 중에서 물속이나 유리로 나아갈 때는 속력이 줄어들어요. 이는 마치 아스팔트 도로를 달리던 자동차

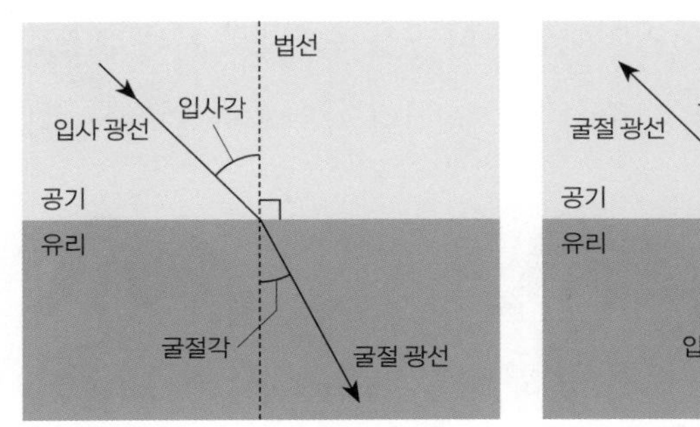

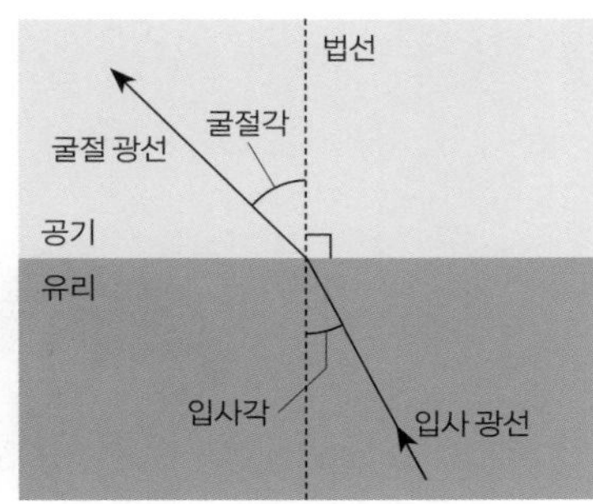

* 입사각: 경계면으로 들어가는 빛(입사 광선)이 법선과 이루는 각
* 굴절각: 경계면에서 꺾여서 나아가는 빛(굴절 광선)이 법선과 이루는 각

▲ 빛의 굴절

빛이 공기에서 유리로 나아갈 때는 입사각이 굴절각보다 크고, 유리에서 공기로 나아갈 때는 입사각이 굴절각보다 작다.

가 모래사장으로 들어갈 때, 모래사장에 먼저 도착한 바퀴의 속력이 먼저 줄어들면서 자동차의 운동 방향이 꺾이는 현상과 비슷해요.

집에서도 간단한 실험을 통해 빛의 굴절을 확인할 수 있어요. 여러분이 초등학교 때 해봤던 실험 두 가지를 떠올려볼까요? 먼저 물이 든 유리컵에 연필을 넣으면, 수면에서 연필이 꺾여 보이죠. 다음으로 불투명한 컵과 동전을 이용한 실험인데요. 컵 바닥에 동전을 넣은 후 점점 아래쪽으로 내려오다가 동전이 보이지 않는 순간 멈춰요. 그런 후 컵에 물을 조금씩 부어주면 신기하게도 컵에 물이 차오르면서 동전이 보이게 됩니다.

렌즈는 보통 유리나 투명한 플라스틱으로 만드는데, 빛이 렌즈를 통과할 때 굴절되죠. 렌즈는 모양에 따라 볼록 렌즈와 오목 렌즈로 구분해요. 볼록 렌즈는 렌즈의 가장자리보다 가운데 부분이 더 두껍

▲ 빛의 굴절에 의해 나타나는 현상

고, 오목 렌즈는 가장자리보다 가운데 부분이 더 얇아요.

볼록 렌즈와 오목 렌즈에서 빛은 어떻게 굴절할까요? 아래 그림을 보세요. 빛은 렌즈를 통과할 때 두꺼운 쪽으로 꺾이므로, 볼록 렌즈로 평행하게 입사하는 빛은 볼록 렌즈를 통과하면 한 점초점에 모이고, 오목 렌즈로 평행하게 입사하는 빛은 오목 렌즈를 통과하면 퍼져나가요.

흔히 볼 수 있는 볼록 렌즈에는 돋보기가 있어요. 그래서 돋보기로는 빛을 모을 수 있죠. 그리고 돋보기로 가까이 있는 물체를 보면 상이 크게 보여요. 하지만 돋보기로 본다고, 그러니까 볼록 렌즈로 본다고 물체의 상이 항상 크고 바로 선 모습으로 보이는 것은 아니랍니다. 볼록 렌즈와 물체 사이의 거리가 멀어지다 보면 어느 순간 상이 뒤집혀 보여요. 그리고 그 순간부터는 물체와의 거리가 멀어질수록

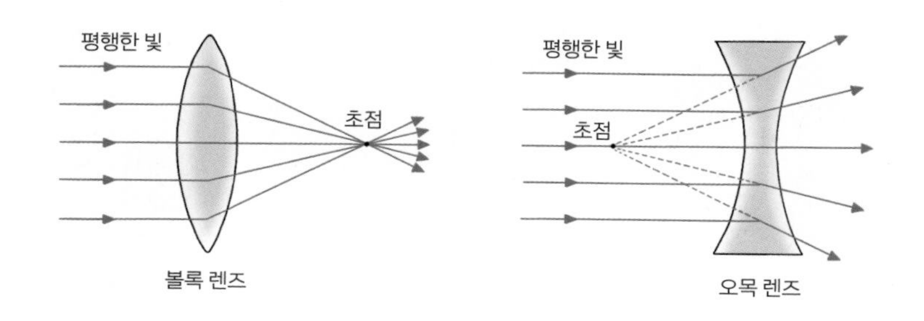

▲ 렌즈에서의 빛의 굴절 경로

뒤집힌 상이 점점 작게 보여요. 이와 달리 오목 렌즈로 물체를 보면 항상 물체보다 작고 바로 선 모습의 상이 보여요. 그리고 물체와 렌즈 사이의 거리가 멀어질수록 상이 점점 작게 보여요.

안경도 렌즈를 이용해서 만들어요. 그중 할아버지께서 사용하시는 돋보기안경이나 원시가 있는 친구들의 시력을 교정하는 안경은 볼록 렌즈로 만들죠. **원시**는 멀리 있는 물체는 잘 볼 수 있으나 가까이 있는 물체를 잘 볼 수 없는 시력 이상이에요. 원래 물체의 상은 눈의 망막에 맺혀야 하는데, 원시는 가까운 물체의 상이 망막의 뒤에 맺히거든요. 그래서 볼록 렌즈로 빛을 모아 상이 망막에 맺히도록 하는 겁니다. 하지만 여러분이 사용하는 대부분의 안경은 근시용이므로, 오목 렌즈로 만들어요. **근시**는 가까이 있는 물체는 잘 볼 수 있으나 멀리 있는 물체를 잘 볼 수 없는 시력 이상이에요. 근시는 먼 물체

볼록 렌즈에 의한 상
(가까운 거리)

볼록 렌즈에 의한 상
(먼 거리)

오목 렌즈에 의한 상

▲ **렌즈에 의한 상**

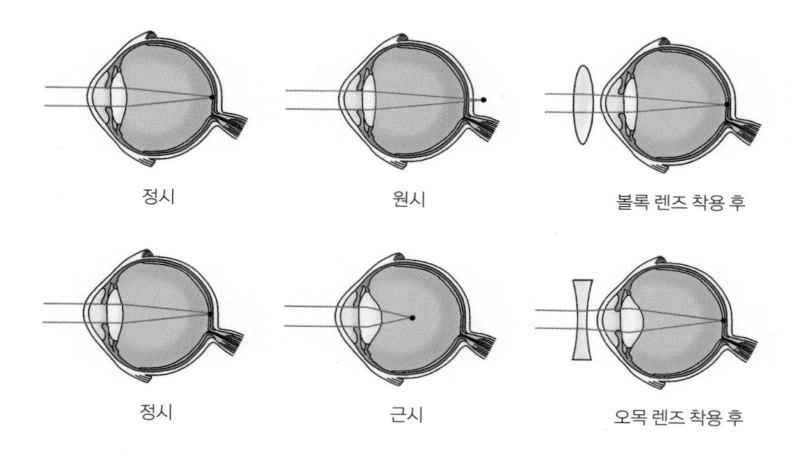

▲ 렌즈를 이용한 시력 교정의 원리

의 상이 망막의 앞에 맺히죠. 그래서 오목 렌즈로 빛을 퍼지게 해서 상이 망막에 맺히도록 합니다. 원시용 안경을 쓰면 눈이 실제보다 크게 보이고, 근시용 안경을 쓰면 눈이 실제보다 작게 보여서, 이를 통해 안경을 쓴 사람이 원시인지 근시인지 구별할 수 있지요.

이처럼 렌즈는 빛을 굴절시키므로 멀리 있는 물체를 가까이 보이도록 하는 망원경이나, 작은 물체를 확대해서 보는 현미경 등에도 사용돼요. 또한 카메라는 볼록 렌즈로 빛을 모아서 필름에 상이 맺히도록 하죠. 물이 들어 있는 둥근 어항을 통해서 물체를 보면 크게 보이는 것도 이 어항이 볼록 렌즈처럼 빛을 굴절시키기 때문이에요.

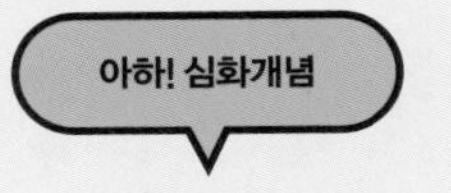

망원경이 우주의 과거를 보여준다고?

천문학자들은 망원경 덕분에 인간의 눈으로 볼 수 없는, 저 멀리 떨어진 우주까지 볼 수 있게 되었어요. 망원경은 관측하는 빛의 파장에 따라 광학 망원경과 전파 망원경, 적외선 망원경, 자외선 망원경, 엑스선X선 망원경, 감마선 망원경 등으로 구분해요. 이 중 우리가 흔히 망원경이라고 말하는 것은 눈으로 볼 수 있는 빛인 가시광선 영역을 관측하는 광학 망원경을 가리키죠.

광학 망원경에는 빛을 모을 때 렌즈를 사용하는 굴절 망원경과 거울을 사용하는 반사 망원경이 있어요. 굴절 망원경은 볼록 렌즈로 빛을 모으고, 반사 망원경은 오목 거울로 빛을 모아요. 망원경의 성능을 가늠하는 데는 여러 가지 요소가 있지만, 가장 중요한 요소는 렌즈 또는 거울의 크기예요. 렌즈나 거울이 클수록 더 많은 빛을 모을 수 있어서 어두운 천체도 관측할 수 있거든요.

망원경으로 천체를 관측하면 실제보다 확대되어 보인다고 생각하는 친구들이 있는데, 그건 아니에요. 멀리 있는 것을 가까이 당겨서 볼 수 있으니 상이 크게 보이지만, 실제보다 더 크게 보이는 것은 아니랍니다.

망원경으로 멀리 떨어진 천체를 관측하는 건 신비로운 일이에요. 천문학에서 많이 쓰는 단위로는 '광년'이 있는데, 1광년은 빛이 1년 동안 나아가는 거리를 나타내요. 그러니까 만약 지구에서 130억 광년 떨어진 천체를 관측한다면, 이는 130억 년 전의 빛을 관측한다는 의미가 되죠. 그래서 망원경은 멀리 떨어진 곳을 보여주기도 하지만, 과거를 보여주는 장치라고도 해요.

그네의 운동처럼 반복적인 운동을 진동이라고 하며, 물체가 진동하면 소리가 만들어져요. 그래서 동물들은 사냥할 때 진동을 만들지 않도록, 즉 사냥감이 소리를 듣지 못하도록 아주 조용히 움직이다가 갑자기 나타나 공격하죠. 이렇게 소리를 최대한 줄여야 하는 경우도 있

지만, 세상에 소리가 없다면 너무 심심하고 답답할 거예요. 한편 우리는 휴대폰을 통해 목소리나 문자를 전달할 수 있는데, 이는 휴대폰에서 나온 전파 신호가 멀리까지 전해지기 때문이에요. 그렇다면 소리와 전파는 어떤 특징을 가지고 있을까요?

파동의 종류에는 무엇이 있을까?

지진은 지하에서 발생한 땅의 흔들림이 사방으로 전달되는 현상이에요. 이렇게 한 곳에서 발생한 진동이 주위로 퍼져 나가는 현상을 **파동**이라고 해요. 파동에는 물결파, 지진파, 빛, 소리음파, 전파 등이 있어요.

파동은 **매질**파동을 전달하는 물질에 따라서 분류하기도 해요. 파동 중 물결파는 물, 지진파는 땅, 소리는 공기 등의 매질이 필요하죠. 하지만 모든 파동이 매질을 필요로 하지는 않아요. 빛과 전파는 매질 없이 전달되지요. 그래서 태양빛이 진공 상태인 우주 공간을 지나 지구까지 올 수 있는 거예요.

매질이 파동을 전달한다고 해서 매질이 직접 이동하는 것은 아니

에요. 호수로 작은 돌을 던지면 물결이 생겨 주위로 퍼져 나가요. 그런데 이때 물 위에 떠 있던 낙엽은 제자리에서 위아래로 진동할 뿐 물결과 함께 움직이지는 않아요. 수영장에서 인공 파도가 몰려올 때도 마찬가지예요. 파도가 오면 우리는 제자리에서 위아래로 움직일 뿐 물결과 함께 이동하지는 않죠. 이처럼 파동이 전파될 때는 매질은 이동하지 않고 단지 에너지만 전달됩니다.

이제 물결파가 진행하는 모습을 과학적으로 표현하는 방법에 대해 알아볼게요. 물결파가 진행할 때 매질이 위로 가장 높이 올라간

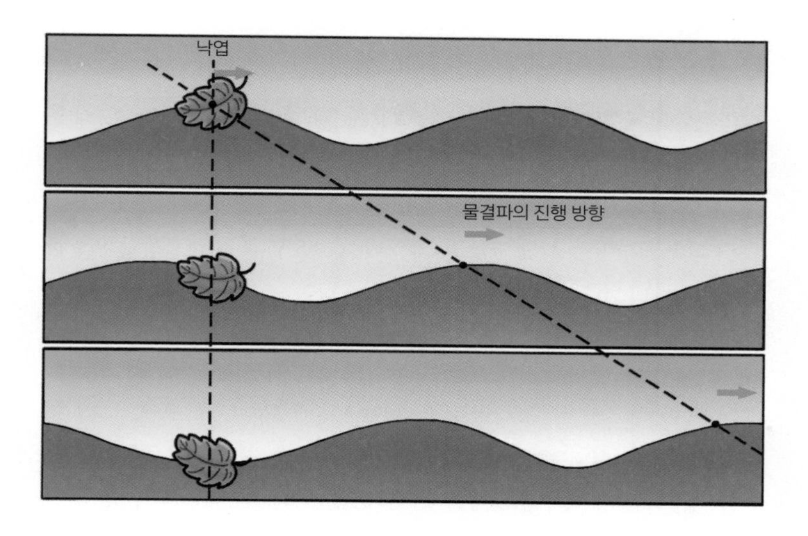

▲ 물결파가 진행할 때 파동과 매질의 운동

곳을 **마루**, 매질이 아래로 가장 많이 내려간 곳을 **골**이라고 해요. 파동은 마루와 골이 반복되면서 진행하지요. 이때 파동의 마루에서 다음 마루까지의 거리, 또는 골에서 다음 골까지의 거리를 **파장**이라고 하며, 진동 중심에서 마루, 또는 골까지의 거리를 **진폭**이라고 하죠. 그리고 매질이 한 번 진동하는 데 걸리는 시간을 **주기**라고 해요. 주기는 마루에서 다음 마루가, 또는 골에서 다음 골이 오는 데 걸리는 시간으로, 단위는 초를 사용해요. 또한 1초 동안 매질이 진동하는 횟수를 **진동수**라고 하며, 단위는 Hz[헤르츠]를 사용해요.

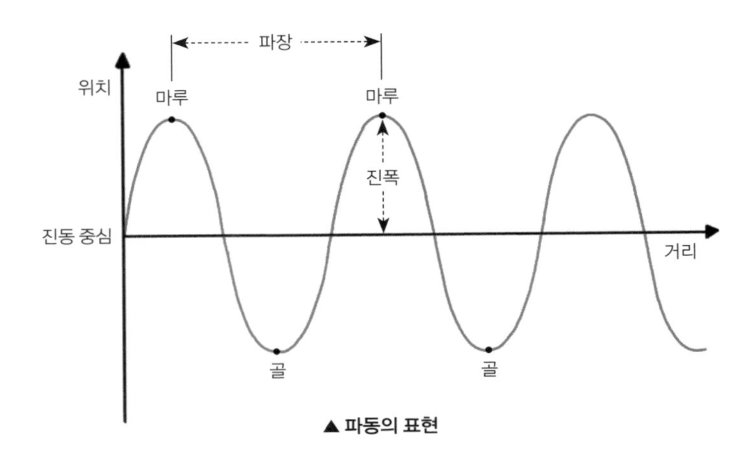

▲ 파동의 표현

자, 여러분이 잘 이해했는지 확인하기 위해 질문을 하나 해볼게요. 만일 1초 동안 다섯 번 진동한 파동이 있다면, 이 파동의 진동수와 주기는 얼마일까요? 그렇죠. 1초 동안 진동한 횟수가 진동수이므로 진동수는 5Hz이고, 1초에 다섯 번 진동했으므로 주기는 0.2초예요. 그런데 혹시 문제를 풀면서 깨달은 것이 있나요? 아하, 진동수와 주기는 서로 역수 관계군요$\left(\text{진동수} = \frac{1}{\text{주기}}\right)$.

파동은 매질의 진동 방향과 파동의 진행 방향에 따라 횡파와 종파로 분류해요. **횡파**는 매질의 진동 방향과 파동의 진행 방향이 서로 수직인 파동이에요. 용수철을 바닥에 놓은 후 두 사람이 용수철의 양쪽 끝을 각각 잡고 있는 모습을 떠올려보세요. 이제 한 사람이 용수철의 한쪽 끝을 흔들어볼게요. 이 실험에서 용수철을 좌우로 흔들 때

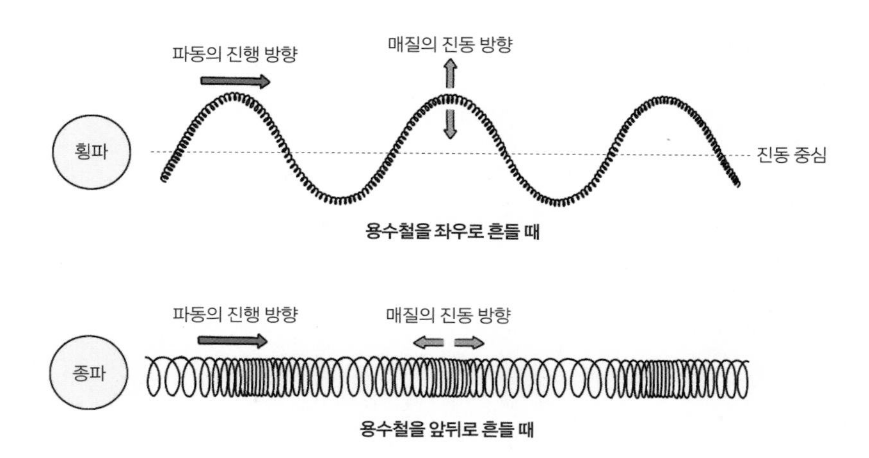

▲ 용수철을 흔들 때 만들어지는 횡파와 종파

만들어지는 파동이 횡파죠. 횡파에는 물결파, 빛, 전파, 지진파 중 S파 등이 있어요. 지진파 중 S파의 'S' 자 모양이 횡파의 모양과 비슷하다고 외우면 혼동되지 않겠네요. 횡파와는 달리, **종파**는 매질의 진동 방향과 파동의 진행 방향이 서로 나란한 파동이에요. 이 실험에서 용수철을 앞뒤로 흔들 때 만들어지는 파동이 종파죠. 종파에는 소리음파, 초음파, 지진파 중 P파 등이 있어요.

우리는 일상생활에서 파동을 여러 용도로 이용해요. 병원에서 사용하는 엑스선, 스마트폰이나 교통 카드에 이용되는 전파, 전자레인지의 마이크로파, 그리고 산부인과에서 태아를 검사하거나 어선에서 물고기를 탐지하거나 안경을 세척하는 데 이용하는 초음파가 그 예입니다.*

우주선 폭발음의 비밀

공연장에 가면 무대 위에서 노래를 부르는 가수의 소리가 무대에서 멀리 떨어진 곳까지 들려요. 무대 앞의 가수가 관객들에게 "소리 질러~"라고 크게 말하면, 관객들은 이에 호응하죠. 이렇게 멀리까지 서로 대화할 수 있는 것은 소리가 퍼져 나가는 파동이기 때문이에요. 세상은 소리로 가득하다고 할 만큼 다양하

함께 생각해요!

* **엑스선과 초음파 :** 엑스선이나 초음파는 파동이 물체를 통과할 때 물체 내부의 정보를 가지고 나와요. 엑스선은 가시광선보다 파장이 짧은 전자기파로, 투과력이 뛰어나 병원에서 뼈의 상태를 확인할 때뿐 아니라 물체의 내부 구조를 알아내는 데도 이용해요. 하지만 에너지가 높아서 DNA를 손상시킬 수 있으므로, 임신부에게는 사용하지 않죠. 임신부의 태아를 검사할 때는 초음파를 이용하는데, 초음파는 진동수가 2만Hz 이상으로 높아서 사람이 들을 수 없는 음파예요.

고 많은 소리가 있어요. 지금부터 소리의 특징에 대해 알아볼 텐데요. 그 전에 초등학교 때 배운 내용을 한번 떠올려볼게요.

잠깐! 초등개념

소리의 발생과 특징

책상을 두드리거나 고무줄을 튕기면 소리를 만들 수 있어요. 이때의 공통점은 물체의 떨림이 생겨서 소리가 만들어진다는 거예요. 소리굽쇠를 치면 떨림이 생기는데, 이 떨림이 주변의 공기를 떨게 해 소리를 만들죠.
소리의 세기는 소리의 크고 작은 정도로, 물체가 떨리는 크기에 따라 소리의 세기가 달라져요. 북을 약하게 칠 때보다 세게 칠 때 북의 떨림이 더 크고 소리도 더 크지요. 소리의 높낮이는 소리의 높고 낮은 정도로, 물체가 얼마나 빠르게 떨리는지에 따라 달라져요. 실로폰은 서로 다른 빠르기로 진동하는 판을 이용해 다양한 높낮이의 소리를 낼 수 있는 악기예요.
소리는 물질을 통해 전달되는데, 물체의 떨림이 생기면 대개는 공기로 그 떨림이 전달돼요. 그러므로 공기가 없는 진공 상태에서는 소리가 전달되지 않죠. 소리는 고체나 액체를 통해서도 전달돼요. 그래서 종이컵과 실로 만든 실전화기로도 소리가 전달되지요. 소리의 전달 속력은 고체에서 가장 빠르고, 액체, 기체로 갈수록 느려져요.
소리가 작을 때는 귀 가까이 손을 가져가 소리를 모으면 조금 더 크게 들을 수 있어요. 보청기나 청진기도 소리를 모아서 더 잘 들을 수 있도록 해주는 기구랍니다.

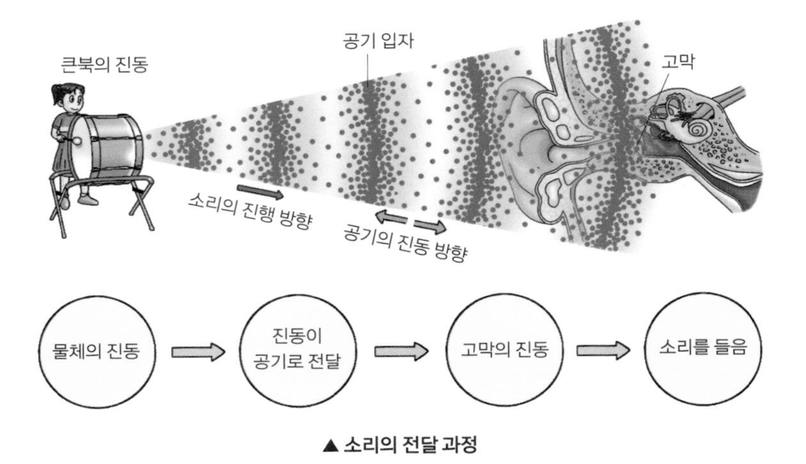

▲ **소리의 전달 과정**

아침에 자명종이 요란하게 울리면 잠에서 화들짝 깹니다. 자명종이 흔들릴 때 주변의 공기를 진동시키면 이 공기의 진동이 고막으로 전달되어 우리가 소리를 듣게 되죠. 이처럼 소리는 물체의 진동이 공기를 매질로 해서 전달되는 파동이에요. 그래서 소리를 **음파**라고도 불러요. 그런데 소리는 공기를 통해서만 전달되는 것은 아니에요. 공동주택의 위아래 집 사이에서 생기는 층간소음은 바닥과 같은 고체를 통해서 전달되지요. 또한 물속에서 음악에 맞춰 동작을 하는 싱크로나이즈드 스위밍이 가능한 것은 물속에서도 소리를 들을 수 있기 때문이에요. 이와 같이 소리는 공기뿐 아니라 고체나 액체를 통해서도 전달될 수 있어요. 하지만 소리는 매질이 필요하기 때문에 진공인 우주에서는 소리가 전달될 수 없죠. 가끔 영화에서 우주선이 폭발할 때 폭발음이 들리기도 하는데, 사실은 아무 소리도 들리지 않아야 해요.

세상에는 정말 다양한 소리가 있어요. 그중에는 공사장 소음처럼 스트레스를 일으키는 것도 있고, 아름다운 악기 소리처럼 사람의 기분을 좋게 만드는 것도 있지요. 그래서 사람들은 음악이나 ASMR 방송을 듣기도 해요.*

그런데 방송을 듣다가 잘 들리지 않으면 어떻게 해야 할까요? 그렇죠. 오디오의 볼륨을 높이면 돼요. 볼륨을 높이면 소리가 크게 들리는데, 이는 진폭이 크다는 뜻이에요. 이처럼 소리의 세기는 진폭과 상관이 있으며, 진폭이 클수록 큰 소리가 나요. 피아노 건반을 강하게 칠수록 큰 소리가 나는데, 이때 소리의 진폭은 커지는 거예요.

그렇다면 같은 세기로 피아노의 '레' 음을 칠 때와 '솔' 음을 칠 때

함께 생각해요!

* **ASMR :** ASMR는 'Autonomous Sensory Meridian Response'라는 복잡한 영어의 첫머리 글자를 딴 약자입니다. 말하자면 '자율 감각 쾌락 반응'이에요. 소리뿐 아니라 사람을 기분 좋게 하는 외부 자극은 모두 ASMR라고 할 수 있어요. 하지만 방송에서 ASMR라고 하면, 음식 먹는 소리를 통해 사람들의 식욕을 자극하는 것을 가리킬 때가 많아요.

는 소리의 무엇에 차이가 있을까요? '레' 음과 '솔' 음은 소리의 높낮이가 달라요. 같은 옥타브에서는 '레' 음보다 '솔' 음이 더 높은 소리인데, 이는 '솔' 음의 진동수가 더 크기 때문이에요. 마찬가지로 높은 음역대의 노래를 부르는 소프라노의 목소리가 낮은 음역대의 노래를 부르는 바리톤의 목소리보다 진동수가 커요.

한편 악기 소리나 가수의 목소리는 제각각 다르게 들려요. 같은 곡을 연주해도 피아노와 바이올린의 소리가 다르죠. 이는 두 악기가 내는 소리의 파형이 다르기 때문이에요. 파형은 파동의 모양으로, 소리를 분석하거나 음악을 편집하는 프로그램으로 확인할 수 있어요. 각각의 악기들은 저마다의 파형을 지니는데, 이것을 음색이라고 해요. 음색이 달라서 서로 다른 소리를 구분할 수 있지요. 가수들의 노래를 듣고 진짜 원곡 가수를 찾아내는 방송을 본 적이 있나요? 이때 음색이 비슷한 사람들이 노래를 부르면 구분하기 힘들어요. 또는 집으로 온 전화를 받을 때 상대방이 나와 목소리가 비슷한 형제를 혼동하는 일도 생기죠.

정리하면, 소리의 진폭은 **소리의 세기**, 소리의 진동수는 **소리의 높낮이**, 소리의 파형은 **음색**과 관련이 있어요. 이때 소리의 세기, 소리의 높낮이, 음색을 **소리의 3요소**라고 합니다. 이 소리의 3요소로 소리를 분석하고 구분하는 거예요.

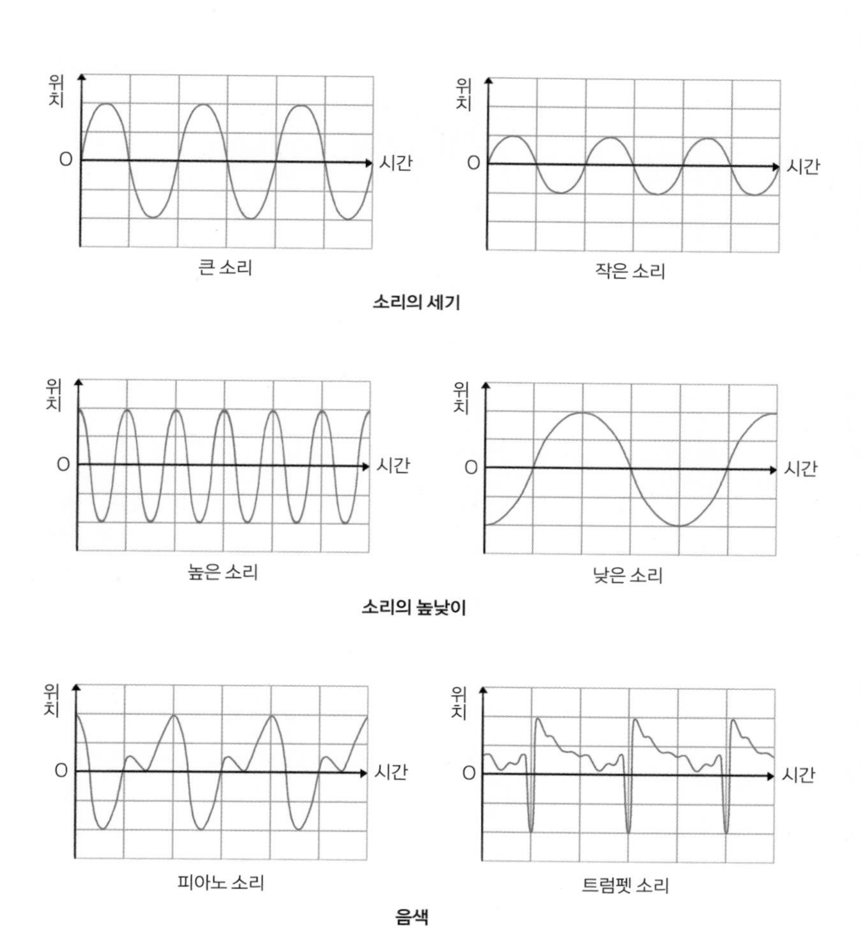

▲ 소리의 3요소

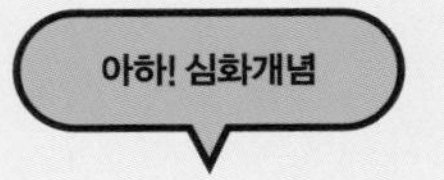

초음파로 어떻게 태아를 볼 수 있을까?

임신부는 배 속 태아의 건강 상태를 확인하기 위해 초음파 검사를 한 후 초음파 사진을 받아요. 그런데 음파, 즉 소리로 어떻게 태아를 볼 수 있을까요?

소리로 물체의 위치를 알 수 있다는 아이디어는 이탈리아의 미술가인 레오나르도 다빈치가 제안했어요. 하지만 그 아이디어를 뒷받침할 기술적 발전은 쉽게 이뤄지지 않았답니다. 1912년에 안타깝게도 타이태닉호가 첫 항해 시 빙산과 충돌해 침몰한 후 사람들은 그 기술의 필요성을 느끼고 연구를 시작했어요. 그리고 얼마 지나지 않아 제1차 세계대전이 일어났고, 연합군은 독일의 잠수함으로 인해 큰 피해를 입었어요. 잠수함을 찾기 위한 군대의 적극적인 연구가 이뤄졌고, 이렇게 탄생한 장비가 소나SONAR, SOund Navigation And Ranging였죠. 소나는 보통 음파 탐지기, 또는 음향 탐지기라고 불러요. 물속에서는 빛보다 음파가 잘 전달되는 성질을 이용한 장치지요. 소나는 음파의 반사를 이용하는데, 음파를 발사한 후 물체에서 반사된 것을 음파 센서로 감지합니다. 물체에서 나는 소리를 감지해 물체의 위치를 알아내기도 하고요.

센서에서 감지된 음파 신호는 전기 신호로 바뀐 후 모니터를 통해 눈으로 볼 수 있는 거예요. 이 자료를 보면서 적의 잠수함이나 물고기 떼가 어디쯤 있는지 확인하죠.

초음파 검사의 원리도 비슷해요. 임신부의 배에 초음파 송수신기를 대고 배 속으로 초음파를 발사하면 태아에게서 반사되지요. 이를 수신해서 모니터로 나타내는 거예요. 이때 태아의 이마나 코처럼 돌출된 곳은 초음파가 먼저 반사돼요. 이렇게 초음파는 태아의 각 기관에 따라 반사되는 정도가 달라서, 이 정보를 가지고 우리가 볼 수 있는 컴퓨터 화면으로 만든 것이 초음파 사진으로 출력돼요.

참고로 돌고래나 박쥐는 초음파를 이용해 먹이를 찾거나 장애물을 피할 수 있어요. 돌고래나 박쥐가 내보내는 초음파는 공기 중으로 진행하다가 먹이나 장애물에서 반사되는데, 이를 감지하는 거죠.

이 책에 나오는 '중학 물리학 개념'

이 책에는 얼마나 많은 물리학 개념들이 담겨 있을까요? 그리고 이 개념들은 중학 교과서의 어느 단원에서 배우게 될까요? 다음 표를 통해 확인해보세요. 이 책을 읽으며 이해한 개념들을 떠올리다 보면 이제 학교 수업이 더 쉽고 재밌게 느껴질 겁니다.

이 책의 차례		이 책에 나오는 주요 개념	중학 과학 교과서 단원
1부 물리학이란 무엇일까	① 물리학은 무엇을 연구할까?	과학의 역할, 물리학의 분야	
2부 롤러코스터를 움직이게 하는 힘과 에너지는 무엇일까	① 물체를 움직이게 하고 변형하는 원인	과학에서 말하는 '힘', 중력, 탄성력, 마찰력, 부력, 합력	1학년: 여러 가지 힘/중력과 탄성력, 마찰력과 부력
	② '등속'과 '자유 낙하'의 의미	평균 속력과 순간 속력, 등속 운동, 자유 낙하 운동	3학년: 운동과 에너지/운동
	③ 일을 할 수 있는 능력이자 변신의 귀재, 에너지	일의 공식, 중력에 의한 위치 에너지, 운동 에너지, 역학적 에너지 보존 법칙, 에너지 전환	3학년: 운동과 에너지/일과 에너지 에너지 전환과 보존/ 여러 가지 에너지 전환과 보존
3부 전기와 자기는 서로 어떤 관련이 있을까	① 물체는 어떻게 전기를 띠게 될까?	마찰 전기, 정전기 유도	2학년: 전기와 자기/전기
	② 전기 회로의 법칙, '$V=IR$'	전류, 전압, 저항, 옴의 법칙, 저항의 직렬연결, 저항의 병렬연결, 전기 에너지	2학년: 전기와 자기/ 전류, 전압, 전기 저항 3학년: 에너지 전환과 보존/ 전기 에너지

	③ 자기 부상 열차와 전기 자동차의 원리	자기장, 전류가 만드는 자기장, 전자석, 전동기의 원리	2학년: 전기와 자기/ 전류의 자기 작용
4부 열은 우리 생활에 어떤 영향을 미칠까	① 온도가 낮아서 열 받아!	온도와 열, 열평형	2학년: 열과 우리 생활/열
	② 냉동 만두와 전도·대류·복사	전도, 대류, 복사, 단열	2학년: 열과 우리 생활/열
	③ 냉각수와 바이메탈의 원리	비열, 열팽창	2학년: 열과 우리 생활/ 비열과 열팽창
5부 빛은 무엇을 보여주고, 파동은 어떻게 전파될까	① 물체의 색과 모습을 바꾸는 마법사	물체를 볼 수 있는 원리, 빛의 합성, 거울에 의한 상, 렌즈에 의한 상	1학년: 빛과 파동/빛
	② 멀리멀리 퍼져 나가는 진동들	파동의 전파, 횡파와 종파, 소리의 특징, 소리의 3요소	1학년: 빛과 파동/파동

사진 출처

- 이 책은 아래의 단체 및 저작권자의 도움으로 만들어질 수 있었습니다. 원본을 제공해주시고 허락해주셔서 다시 한번 감사드립니다.

- 출처는 가나다순입니다.

픽사베이(pixabay)

노트북 216쪽

한국에너지공단

에너지 소비 효율 등급 140쪽

물리학이 이렇게 쉬울 리 없어

초판 1쇄 발행 2022년 1월 28일
초판 2쇄 발행 2022년 5월 27일

지은이 | 최원석

발행인 | 박재호
주간 | 김선경
편집팀 | 강혜진, 이복규
마케팅팀 | 김용범, 권유정
총무팀 | 김명숙

디자인 | 석운디자인
일러스트 | 백용원
종이 | 세종페이퍼
인쇄·제본 | 한영문화사

발행처 | 생각학교
출판신고 | 제25100-2011-000321호
주소 | 서울시 마포구 양화로 156(동교동) LG팰리스 814호
전화 | 02-334-7932 팩스 | 02-334-7933
전자우편 | 3347932@gmail.com

ISBN 979-11-91360-387 (44400)
979-11-91360-370 (세트)